多维领域与生态化

——环境艺术设计探微

朱文霜◎著

中国纺织出版社

内 容 提 要

本书以环境艺术设计为主体，探讨其多维度领域及其生态化理念。全书共六个章节，以环境与环境艺术设计的内涵与特征、环境艺术设计的风格流派、设计师与环境艺术设计的任务、生态化环境艺术设计的表达技法的界定为开端，分别论述生态化材料与环境艺术设计思维方法，生态化视阈下的环境艺术设计形态及空间，城市规划与生态环境设计，公共环境设计与生态化研究和室内环境设计与生态化研究。本书不仅注重现代环境艺术设计理论的多维性、实践性，也注重环境艺术设计的生态性，论述深入浅出，逻辑严密。

图书在版编目 (CIP) 数据

多维领域与生态化：环境艺术设计探微 / 朱文霜著. -- 北京：中国纺织出版社，2018.3（2022.1重印）
ISBN 978-7-5180-3350-8

Ⅰ. ①多… Ⅱ. ①朱… Ⅲ. ①环境设计－研究 Ⅳ. ① TU-856

中国版本图书馆 CIP 数据核字（2017）第 038979 号

责任编辑：汤　浩　　　　　　　　责任印制：储志伟

中国纺织出版社出版发行
地址：北京市朝阳区百子湾东里 A407 号楼　邮政编码：100124
销售电话：010-67004422　传真：010-87155801
http://www.c-textilep.com
E-mail:faxing@e-textilep.com
中国纺织出版社天猫旗舰店
官方微博 http://www.weibo.com/2119887771
北京虎彩文化传播有限公司印刷　　　各地新华书店经销
2018 年 3 月第 1 版 2022 年 1 月第 8 次印刷
开本：710×1000　1/16　印张：16.25
字数：211 千字　定价：57.00 元

前　言

　　生态设计即以生态学为原理来领导生存条件的艺术设计,从这个角度我们可以看出,生态设计的本质就是能够实现人与自然的和谐发展,保证人的生存空间与其他物种的生存空间能够和谐共处,通过多样化的技术手段以及各种先进材料的使用,能够进一步保证人类生活水平的提升,尽可能少地给自然环境带来危害。伴随着人类生态意识的觉醒,人们越来越多地将生态化的理念融入社会生活当中,生态化观念已经深得人心,并且在很大程度上影响了人们社会生活的方方面面。同时,对于生态设计理论的研究以及在设计技术的研究将进一步地引发人类生存空间的变革,将更深层次地引导人类进一步的发展。人们可以利用生态化的方式,最大限度地降低人类生活空间对自然的影响,并且更深层次地将这种方式应用于人们日常生活的方方面面。本书以环境艺术设计为主体,探讨其多维度领域及其生态化理念。

　　全书共六章,第一章界定环境与环境艺术设计的内涵与特征、环境艺术设计的风格流派、设计师与环境艺术设计的任务、生态化环境艺术设计的表达技法;第二章为生态化材料与环境艺术设计思维方法,论述环境与材料的关系、环境艺术设计材料与生态化、环境艺术设计的具体思维方法;第三章是生态化视阈下的环境艺术设计形态及空间,分析环境艺术设计形态要素、环境艺术设计空间的尺度与空间形态、环境艺术设计空间的组织;第四章为城市规划与生态环境设计,主要研究城市规划的要素与城市生态、城市绿地在中国的发展及其国际视野、城市生态与绿地系统的功能作用;第五章公共环境设计与生态化研究和第六章室内环境设计与生态化研究分别阐述公共艺术空间环境、公共环境装饰艺术解读、公共环境设施设计与生态化以及室内环境简析、室内细部设计与生态化、室内光环境与生态化、室内绿化设计。

本书不仅注重现代环境艺术设计理论的多维性、实践性，也注重环境艺术设计的生态性，论述深入浅出，逻辑严密。环境艺术设计是一门发展十分迅速的设计学学科理论，涉及面很广，尽管作者在写作过程中尽了最大的努力，力求使本书具有新意和创意，但仍感能力有限，加之时间紧张，书中若有不妥之处，还请读者谅解，并不吝赐教。

本书得到了桂林理工大学专著出版资金资助，在编著过程中得到艺术学院经费支持以及同事、朋友的大力帮助，亦得益于前辈和同行的研究成果，具体已在参考文献中列出，在此一并表示诚挚的感谢！

作者

2016 年 12 月

目 录

第一章　关于环境与环境艺术设计

环境艺术设计是根据建筑和空间环境的使用性质、所处环境和相应标准，运用物质技术手段和美学原理，创造满足人们物质及精神需求的室内外空间环境。本章关于环境与环境艺术设计，探讨的是环境艺术设计的内涵与特征、环境艺术设计的风格流派、设计师与环境艺术设计的任务、生态化及环境艺术设计的表达技法。

第一节　内涵与特征分析

一、环境与环境艺术设计的界定

"环境"一词在《新华字典》里被定义为"周围一切事物"。英文里"环境"对应的有 surrounding 和 environment 两个词，两者都指一个人四周的生活环境，但后者更强调环境对人的感受、道德及观念的影响，而不仅仅是客观物质存在。本书中所讨论的"环境"应指围绕我们四周的、人们赖以生活和居住的环境。因此，环境艺术设计关注的是人的活动环境场所的组织、布局、结构、功能和审美以及这些场所为人使用和被人体验的方式，其目的是提高人类居住环境的质量。经过规划的人居环境往往组织规范空间、体量、表面和实体，它们的材料、色彩和质感以及自然方面的要素如光与影，水和空气、植物，或者抽象要素如空间等级、比例、尺度等，都会获得一个令人愉悦的美感。许多环境艺术设计作品还同时具有社会、文化的象征意义。简而言之,环境艺术设计是针对人居环境的规划、设计、管理、保护和更新的艺术。

环境艺术设计是指环境艺术工程的空间规划和艺术构想方案的综合计划,其中包括了环境与设施计划、空间与装饰计划、造型与构造计划、材料与色彩计划、采光与布光计划、使用功能与审美功能的计划等,其表现手法也是多种多样的。

二、原则与特征分析

(一)环境艺术设计原则

1.场所性

所谓场所,是被社会活动激活并赋予了适宜行为的文化含义的空间。一个场所除了分享一些人所共知的社会背景和引导人的共性的行为外,还具有其独特性,没有两个场所是相同的,即使这两个场所看上去多么相似。这种独特性源自每个场所位于的不同具体位置及该场所与其他社会的、空间的要素的关联。尽管如此,场所与场所之间仍然在物质上或精神意念上紧密相连。此外,场所还有历史,有过去、现在和未来,场所随其所蕴含的场地、文化等背景信息一同生长、繁荣和凋萎。

2.使用者参与和整体设计

(1)使用者参与的原则

环境是为人所使用的,设计与使用的积极互动有助于提升环境艺术设计的质量。在某种程度上讲,建成环境从本质上应提供给使用者民主的氛围,通过最大的选择性为使用者创造丰富的选择机会,以鼓励使用者的互动参与,这样的环境才具有活力,才能引起使用者的共鸣。因此,我们的环境设计不仅要为机动车的使用者提供方便,也要为步行者提供适宜的场所,而后者直接体现在人性化的尺度和氛围里。

（2）整体设计

环境艺术设计，尤其是城市公共环境设计，其使用者应包括各类人士、社会各阶层的成员，特别应关注长久以来被忽视的弱势群体。我国目前已进入老年社会，同时拥有基数庞大的残障人士，所以环境艺术的设计既要考虑到正常人的便利、舒适、体贴，还要考虑到使用这些环境的特殊人群，如残障人士、老年人和儿童等。

3. 尺度人性化

现代城市中的高楼大厦、巨型多功能综合体、快速交通网往往缺乏细部，背离人的尺度。今天我们建成的很多场所和产品并不能像它们应该做到的那样很好地服务于使用者，使其感觉舒适。相反，在现今的建成环境里，我们总是不断地受累于超尺度、不适宜的街道景观、建筑以及交通方式，等等。很多人在未经过现代设计和发展的历史古城里流连忘返，就是因为古城提供了一系列我们当代设计所未能给予的质量，其中的核心便是亲切宜人的尺度。江南水乡、皖南民居和欧洲中世纪的古城如威尼斯等，是人性化的尺度在环境设计上成功的典范。同样，平易近人的街巷尺度赋予了法国首都巴黎、瑞士首都伯尔尼现代化的同时保留了无比的魅力。

4. 可持续性

20世纪初开始，英文里的 environment（环境）一词通常用于表达"自然环境"或"生态环境"的语意，指人类及其他生物赖以生存的生物圈。关注这个自然环境的设计时常被称为环境设计，所以环境（艺术）设计也因此常被误解为"（生态）环境设计"，反之亦然。这种情形于新兴的环境艺术设计专业来说是限制亦是机会。

一直以来，有关（生态）环境的关注或设计被认为是环境专家或专门研究环境的设计师的事，有的认为这需要造价昂贵的新技术支持，有的干脆认为这是一种"风格"而予以抗拒。事实上，可持续设计不是一种风格，而应是一种对设计实践系统化的管理和方法，以达到良好的环境评价标准。从空间布局到环境细部，可持续设计无处不在。传统的村落依山傍水，结合利用地形地势，民居建筑对当地气候的适应，都是人类有意或无意地利用可持续设计原则的范例。每一个设计师必须拥有可持续设计的常识和态度。原则性地理解可持续设计才能使科技与设计互通有无，相互支持。

正如许多设计领域正在努力适应生态、环境的要求这一新情况，如浙江民居，环境（艺术）设计可以从一开始就接纳这一新概念，并引领一个可持续发展的时代。

（二）环境艺术设计的特征分析

1. 文化特征

环境艺术设计首先具有文化的特征。环境是人的情绪与情感的调节器，充满生活情趣的环境，可使人们在情感上得到愉快与满足，环境充满生活气息，成为喜闻乐见、愿意逗留的生活空间。

环境艺术和其他造型艺术一样，有其自身的组织结构，表现为一定的肌理和质地，具有一定的形态和性状，传达一定的情感信息，容纳一定的社会、文化、地域、民俗的含义，具有其特有的自然属性和社会属性，是科学、哲学和艺术的综合。

自然属性指环境构成要素中包括的物理元素，如阳光空气以及建筑材料的肌理质地等。而社会属性则是人为的，也称为"情感属性"，它以有形的和无形的两种形态产生刺激作用，通过人们的了解和认同，进入人的主观世界，构成意义，产生情绪和情感体验。有形的因素称为显性元素，多以明示和引导的方式起作用；无形的因素（词语、社会规范、风俗民情等）称为隐性元素，多以隐喻和暗示的方式起作用。

2. 形式特征

环境艺术设计的形式特性表现为，通过直觉体验到的环境所具有的外在造型的色彩、形态、肌理、尺度、方位和表情等方面的构成特性。它与功能特性有着相辅相成的本质联系,外在造型形式是环境设计功能形式信息的最直接的媒介,它的产生受到实用功能的制约,同时又对认知功能的形成具有重要作用。

形态的创造离不开材料和技术手段,形态创造的过程,是变化与统一、韵律与节奏、主从与呼应、速度与均衡、对比与协调、比例与尺度、比拟与联想等多种造型手法联合完成信息传达目的的过程。

3. 动态特征

环境设计中的动态空间,并不是局限于人和物产生相对位移——真动,而应包括视觉对象所表现的一种力的倾向性运动,即势态,一种引起视觉张力的运动,属于静物所显示的、引起运动认知的"似动"。[①]

环境艺术设计的动态特征,具体表现在其导向性、矢向性、诱发性、流动性、延伸性、节律性、序列性、虚渺性、变异性和期待性几个方面,见表1–1。

表 1–1 环境艺术设计动态特征的表现

表现方面	含义阐释
导向性	具有线性的方向诱导,通过明示或暗示手段使人向指示方向运动
矢向性	力的作用方向,造成心理场和心理流向某一方向运动,无明确休止点
诱发性	借用景物,进行好奇驱力、完形压强、意义追踪、情绪唤醒、视觉探寻等心理倾向调动
流动性	景物具有的平滑性、流畅性、自由运动、不受较大的阻力和他物的牵制干扰
延伸性	由近到远、由小到大、由内到外,向纵横发展,向远方流动,透视线消失于一点
节律性	节律和韵律属于历时性,连续地进行,具有高潮迭起的阶段性的特征
序列性	相互邻接,前后相随,顺次展开,循序渐进

---

① 格式塔心理学认为,艺术形式与我们的感觉、理智和情感生活所具有的运动态形式是同构形式,物理世界表现的力和心理以及生理表现出的力是相互感应的。

表现方面	含义阐释
虚渺性	随知觉产生互逆、过渡、联想等心理运动,在虚无缥缈中形成生动的视觉形象
变异性	含义、形态、合成元素的可变性、互动性,所谓运动,是一个姿态到另一个姿态的转变
期待性	由于目标期待而产生的不平衡,形成张力,目的地未表达,心理流不止

环境的艺术设计是创造一个人造的空间,其根本目的是人能健康、愉快、舒适、安全地生活。社会从低级向高级发展,而生物群落维系生存的基本条件是自然生态平衡。21世纪,城市环境设计的主要目标应是在高科技条件下,向高层次的生态城市迈进。

第二节　环境艺术设计的风格流派研究

风格即艺术作品的艺术特色和个性;流派指学术方面的派别。环境艺术设计的风格与流派,是不同时代的思潮和地域环境特质,通过艺术创造与表现,而逐渐发展成为的具有代表性的环境设计形式。因此,每一种典型风格和流派的形成,莫不与当时、当地的自然环境和人文条件息息相关,其中尤以民族性、文化潮流、风俗、宗教和气候物产等因素密切相连,同时也受到材料、工程技术、经济条件的影响和制约。

在设计中把握环境艺术作品的特色和个性,使科学与艺术有机结合,时代感和历史文脉并重,这便是多元时代应有的格局。

一、环境艺术风格流派的影响因素

(一)地理环境

不同的地理条件、气候环境造就了各式各样的建筑类型。如中国各民族和各地域不同环境的民居形式,构成了多样的建筑风格。

（二）工程技术与材料

每一种新构造技术、新材料的出现与使用,都演绎出新的环境艺术风格。

1.古代建筑的工程技术与材料

结构是建筑的骨架,承受全部负荷,为建筑创造合乎使用的空间。

2.现代建筑的工程技术与材料

（1）框架结构

框架结构是由梁和柱形成受力结构骨架的结构体系,常见的有钢筋混凝土框架结构。

（2）网架结构

网架结构是由有限的杆件系统组成的一种大跨度空间结构形式。

（3）悬索结构

悬索结构是利用张拉的钢索来承受荷载的一种柔性结构,具有跨度大、自重轻等特点。

（4）薄壳结构

薄壳结构是指壳体是屋面与承重功能合一的面系曲板结构。

（5）充气结构

充气结构是利用膜材、人造纤维或金属薄片等材料内部充气来支撑建筑的结构形式。

（三）文化传承的影响

历史的发展、宗教信仰和文化传统造就了东西方不同的环境艺术特色。

中国独特的木构造建筑体系代表了东方典型的传统样式。

源于古希腊、古罗马的石构造建筑体系代表了西方典型的传统样式。

二、环境艺术设计的风格流派分析

（一）现代主义风格流派

1. 抽象美学的诞生

抽象美学的诞生源于工业革命带来的巨变。工业社会以前，建筑多因袭传统式样，19 世纪以后，建筑创作活跃，传统的建筑观和审美观因适应不了时代的要求，已成为建筑进一步发展的枷锁。社会进步节奏的加快和对创新的追求，促进了建筑向现代化的迈进。

1851 年，"第一个现代建筑"诞生，它就是采用铁架构件和玻璃装配的伦敦国际博览会水晶宫。埃菲尔铁塔（见图 1-1），这座全部用铁构造的 328m 高的巨形结构是工程史上的奇观，是现代的美、工业化时代的美。抽象美学伴随着科学技术进步和社会发展的要求而形成，它从一开始就带有明显的开拓性。[①]

图 1-1　埃菲尔铁塔

---

① 如果说人类文明自存在以来只有过一次变化的话，那就是工业革命。全新的材料、全新的社会关系、全新的哲学在这个新的时代里层出不穷，全新建筑的出现也就不足为奇了。如果说工业革命前的建筑学是"考古建筑学"，工业革命后的建筑学就是"技术建筑学"，是围绕着技术的进步展开的。从水晶宫的建成到第一次世界大战这段时间，各种各样的全新风格的建筑纷纷崭露头角。

2. 现代主义的几何抽象性

20 世纪初,伴随着钢筋混凝土框架结构技术的出现、玻璃等新型材料的大量应用,现代主义的风格应运而生。抽象、简洁而且强调功能,追求建筑的空间感。钢结构、玻璃盒子的摩天楼将人们的艺术想象力从石砌建筑的重压下解放出来,以不可逆转的势头打破了地域和文化的制约,造就了风靡全球的"国际式"的现代风格。[①]

这一时期,抽象艺术流派十分活跃,如立体主义、构成主义、表现主义等。抽象派艺术作品仅用线条或方块就可以创造出优美的绘画,这直接对建筑产生了影响。现代建筑的开拓者创办的包豪斯学校第一次把理性的抽象美学训练纳入教学当中。当时现代主义大师勒·柯布西耶在建筑造型中秉承塞尚的万物之象以圆锥体、球体和立方体等简单几何体为基础的原则,把对象抽象化、几何化。他要求人们建立由于工业发展而得到了解放的以"数字"秩序为基础的美学观。1928 年,他设计的萨伏依别墅是他提出新建筑五特点的具体体现,对建立和宣传现代主义建筑风格影响很大(见图 1-2)。

图 1-2　勒·柯布西耶设计的萨伏依别墅

1930 年,由密斯·凡·德罗设计的巴塞罗那世博会德国馆也集中表现了现代主义"少就是多"的设计原则。

---

① 张朝晖. 环境艺术设计基础 [M]. 武汉:武汉大学出版社,2008.

现代建筑造型的基本倾向是几何抽象性。在第二次世界大战前后，几何体建筑在全球的普及标志着抽象的、唯理的美学观的确立。

3. 晚期现代主义的建筑学

晚期现代主义的建筑学是个性与关系的探索。

现代建筑对几何性和规则性的极端化妨碍了个性和情感的表现。都市千篇一律的钢筋混凝土森林与闪烁的玻璃幕墙使人感到厌倦和乏味，典型的"国际式风格"成为单调、冷漠的代名词。为克服现代建筑的美学疲劳，20世纪后半期的建筑向着追求个性的方向发展，从多角度和不同层次上突破现代建筑规则的形体空间。晚期现代建筑造型由注重几何体的表现力转向强调个性要素，比如：

（1）一些建筑侧重于形状感染力的追求，如朗香教堂（见图1-3）、悉尼歌剧院的造型都有穿越时空的魅力，使抽象语汇的表达得以大大扩展和升华。

图 1-3 朗香教堂

（2）很多建筑运用分割、切削等手法对几何体进行加工，创造非同一般的形象，华裔建筑大师贝聿铭的美国国家美术馆东馆（见图1-4）就是这种设计的杰作。

图 1-4　贝聿铭的美国国家美术馆东馆

美国"白色派"建筑师迈耶的作品（见图 1-5）把错综变化的复合作为编排空间形体的基本手段，在曲与直、空间与形体、方向与位置的变动中探索创新的途径。

图 1-5　迈耶的建筑

（二）后现代主义

20 世纪 60 年代后期，西方一些先锋建筑师主张建筑要有装饰，不必过于追求纯净，必须尊重环境的地域特色，以象征性、隐喻性的建筑符号取得与固有环境生态的文脉联系，这种对现代主义的反思形成了后现代主义建筑思潮。在批判现代主义教条的过程中，后现代主义建筑师确立了自己的地位。

后现代主义的建筑师并未在根本上否定抽象的意义。[①] 被认为是后现代主义化身的美国著名建筑师格雷夫斯，其波特兰大厦（见图1-6）被看作是后现代主义的代表作，其建筑外观富有时代感的精美与简练，是应用抽象的美学原理处理具体形象的典范。

图1-6 格雷夫斯波特兰大厦

（三）解构主义

建筑中的解构主义在于冲破理性的局限，通过错位、叠合、重组等过程，寻求生成新形式的机遇。解构主义是对之前建筑思想和理论的大胆挑战。

解构主义的建筑师们更多地从表层语汇转向深层结构的探求，在形式语汇的使用方面倾向于抽象：屈米的维莱特公园（见图1-7）被认为是解构主义的作品，其整体系统的开放性使场地的活动达到最大限度，向游人展示了活动和内容的多样性以及生机勃勃的公园气氛。

---

① 格雷夫斯认为："我们需要某种程度的抽象，只有抽象才能表达暧昧的意念。但是如果形象不够，意念就难以表达，就会使你失去欣赏者，所以让人们理解抽象语言必须借助艺术形象。我的设计在探索形象与抽象之间的质量。"

图 1-7　屈米的维莱特公园

埃森曼的韦克斯纳中心也被认为是解构主义的作品,其基本结构形式是使城市和校园两套网络系统同时作用。埃森曼注重建筑元素的交叉、叠置和碰撞成为设计过程和结果,虽然建筑表面似呈某种无序,但是内部的逻辑清晰统一。[①]

第三节　设计师与环境艺术设计的任务

一、环境艺术设计师

（一）环境艺术设计对设计师的要求

虽然环境艺术设计的内容很广,从业人员的层次和分工差别也很大,但我们必须统一并达成共识:我们到底在为社会、为国家、为人类做什么? 是不断地生产垃圾,还是为人们做出正确的向导? 是在现代社会光怪陆离的节奏中随波逐流,还是挑起设计师责任的大旗? 设计是一个充满着各种诱惑的行业,对人们的潜

意识产生着深远的影响，设计师自身的才华使得设计更充满了个人成就的满足感。但是，我们要清醒地认识到设计的意义，抛弃形式主义，抛弃虚荣，做一个对社会、国家乃至人类有真正价值贡献的设计师。环境设计的要求主要体现在以下几个方面。

1. 正确的设计观

环境艺术设计师要确立正确的设计观，也就是心中要清楚设计的出发点和最终目的，以最科学合理的手段为人们创造更便捷、优越、高品质的生活环境。无论是室内还是室外，无论是有形的还是无形的，环境艺术设计师不是盲目地建造空中楼阁，工作也不是闭门造车，而是必须结合客观的实际情况，满足制约设计的各种条件。在现场中，在与各种利益群体的交际中，在与同等案例的比较分析中，准确地诊断并发现问题，协调各方利益群体的同时，能够因势利导地指出设计发展的方向，创造更多的设计附加值，传递给大众更为先进、合理、科学的设计理念。人们常说设计师的眼睛能点石成金，就是要求设计师有一双发现价值的眼睛，能知道设计的核心价值，变废为宝，而不是人云亦云。

2. 科学的生态环境观念

环境艺术设计师还要树立科学的生态环境观念。这是设计师的良心，是设计的伦理。设计师有责任也有义务引导项目的投资者与之达成共识，而不是只顾对经济利益的追逐，引导他们珍视土地与能源，树立环保意识，要尽可能地倡导经济型、节约型、可持续性的设计，而不是一味地盯在华丽的形式外表上。在资源匮乏、贫富加剧的世界环境下，这应该是设计的主流，而不是一味做所谓高端的设计产品。从包豪斯倡导的设计改变社会到为可持续发展而默默研究的设计机构，我们真的有必要从设计大师那里吸取经验和教益，理解什么是真正的设计。

3. 引导大众观念的责任

设计师要具有引导大众观念的责任。用美的代替丑的，用真的代替假的,用善的代替恶的,这样的引导具有非常重要的价值。设计师要持守这样的价值观,给群体以正确的带领。设计师的一句话也许会改变一条河、一块土地、一个区域的发展和命运,这是一个何等重要的群体,这才是我们从业的根本。

(二)环境艺术设计师的修养

曾有戏言说"设计师是全才和通才"——他们的大脑要有音乐家的浪漫、画家的想象,又要有数学家的严密、文学家的批判;有诗人的才情,又有思想家的谋略;能博览群书,又能躬行实践;他是理想的缔造者,又是理想的实现者。这些都说明设计师与众不同的职业特点。一个优秀的设计师或许不是"通才",但一定要具备下面几个方面的修养。

1. 文化修养

把设计师看成是"全才""通才"的一个很重要的原因是设计师的文化修养。因为环境艺术设计的属性之一就是文化属性,其要求设计师要有广博的知识面,把眼界和触觉延伸到社会、世界的各个层面,敏锐地洞察和鉴别各种文化现象、社会现象并和本专业结合。文化修养是设计师的"学养",意味着设计师一生都要不断地学习、提高。它有一个随着时间积累的慢性的显现过程,特别是初学者更应该像海绵一样持之以恒,吸取知识,而不可妄想一蹴而就。设计师的能力是伴随着其知识的全面、认识的加深而日渐成熟的。

2. 道德修养

设计师不仅要有前瞻性的思想、强烈的使命意识、深厚的专业技能功底,还应具备全面的道德修养。道德修养包括爱国主义、义务、责任、事业、自尊和羞耻等。有时候,我们总片面地认为道德内容只是指向"为别人",其实,加强道德修养也是为我们自己。因为,高品质道德修养的成熟意味着健全的人格、人生观和世界观的成熟,在从业的过程中能以大胸襟来看待自身和现实,就不会被短见利益得失而挟制，就不会患得患失，这样，才能在职业生涯中取得真正的成功。

环境艺术设计是如此地与生活息息相关，它需要它的创造者——设计师具备全面的修养，为环境本身，也为设计师本身。一个好的设计成果，一方面得益于设计师的聪明才智；另一方面，也是更为重要的方面是得益于设计师对国家、社会的正确认识，得益于其健全的人格和对世界、人生的正确理解。一个在道德修养上有缺失的设计师是无法真正赢得事业的成功的，并且环境也会因此而遭殃。重视和培养设计师的自我道德修养，也是设计师职业生涯中重要的一环。

3.技能修养

技能修养指的是设计师不仅要具备"通才"的广度，更要具备"专才"的深度。可以看到，"环境艺术"作为一个专业确立的合理性反映出综合性、整体性的特征。这些特征包含了两个方面的内容，一方面是环境意识，另一方面是审美意识，综合起来可以理解为一种宏观的审美把握，其缺失在中国近20年突飞猛进的建设过程中表现得尤为明显，其迫切性也越来越为人们所认识。

除了综合技能，设计师也需要在单一技能上体现优势，如绘画技能、软件技能、创意理念等。其中，绘画技能是设计师的基本功，因为从理念草图的勾勒到施工图纸的绘制都与绘画有密切的联系。从设计绘图中，我们很容易分辨出一个设计师眼、脑、手的协调性与其职业水准和职业操守。由于近几年软件的开发，很多学生甚至设计师认为绘画技能不重要了，认为电脑能够替代徒手绘图，这种认识是错误的。事实是，优秀的设计师历来都很重视手绘的训练和表达，从那一张张饱含创作灵感和激情的草稿中，能感受到作者力透纸背的绘画功底。

（三）环境艺术设计师的创造性能力

创造力是设计师进行创造性活动（即具有新颖性的不重复性

的活动)中挥发出来的潜在能量,培养创造性能力是造就设计师创造力的主要任务。

1. 创造能力的开发

人类认识前所未有的事物称之为"发现",发现属于思维科学、认识科学的范畴;人类研究还没有认识事物及其内在规律的活动一般称之为"科学";人类掌握以前所不能完成、没有完成工作的方法称之为"发明",发明属于行为科学,属于实践科学的范畴,发明的结果一般称之为"技术";只有做前人未做过的事情,完成前人从未完成的工作才称之为"创造",不仅完成的结果称"创造",其工作的过程也称之为"创造"。人类的创造以科学的发现为前提,以技术的发明为支持,以方案与过程的设计为保证,因此,人类的发现、发明、设计中都包含着创造的因素,而只有发现、发明、设计三位一体的结合,才是真正的创造。

创造力的开发是一项系统工程,一方面,它既要研究创造理论、总结创造规律,还要结合哲学、科学方法论、自然辩证法、生理学、脑科学、人体科学、管理科学、思维科学、行为科学等自然科学学科与美学、心理学、文学、教育学、人才学等人文科学学科的综合知识;另一方面又要结合每个人的具体状况,进行创造力开发的引导、培养、扶植。因此,对一个环境设计师来说,开发自己的创造力是一项重大而又艰苦细致的工作,对培养自己创造性思维的能力、提高设计品质具有十分重要的现实意义。

人们常把"创造力"看成智慧的金字塔,认为一般人不可高攀。其实,绝大多数人都具有创造力。人与人之间的创造力只有高低之分,而不存在有和无的界限。在 21 世纪,现代人类已进入了一个追求生活质量的时代,这是一个物质加智慧的设计竞争时代,现代设计师应视为一种新的机遇。这就要求设计师努力探索和挖掘创力,以新观念、新发现、新发明、新创造迎接新时代的挑战。

按照创造力理论,人的创造力的开发是无限的。从脑细胞生理学角度测算,人一生中所调动的记忆力远远小于人的脑细胞实际工作能力。创造力学说告诉我们,人的实际创造力的大小、强弱差别主要决定于后天的培养与开发。要提高设计师的创造性、开发创造力,就应该主动地、自觉地培养自己的各种创造性素质。

2.创造性能力的培养

创意能力的强弱与人的个性、气质有一定的关联,但它并不是一成不变的,人们通过有针对性的训练和有意识的追求是可以逐步强化和提高的。创意能力的强弱与人们知识和经验的积累有关,通过学习和实践,能够得以改善。对创意能力进行训练,既要打破原有的定式思维,又要有科学的方案。下面是一些易于操作又十分有效的创意能力训练的方法。

（1）脑筋急转弯

有人认为脑筋急转弯是很幼稚的游戏,其实这种游戏对于成年人放松身心非常有效。下面是一些常见题目：

黑头发有什么好处？（永远不怕晒黑）

3个人3天用3桶水,9个人9天用多少桶水？（9桶）

什么东西比乌鸦更让人讨厌？（乌鸦嘴）

全世界哪个地方的死亡率最高？（床上）

青蛙可以跳得比树高,怎么回事？（因为树不会跳）

（2）抽象能力训练

抽象能力训练主要是为了增加创造性思维的深度,具体可以从两个方面入手：

其一,从不同的物体当中抽象出相同的属性。例如,我们从树木、军装、青蛙等事物中可以抽象出"绿色",从冰箱、电视、音响等事物中能够抽象出"电器"。下面是几组常见事物,可以作为训练的素材：

A.台球桌、水池、报纸、电脑

B.嘴巴、大海、洪水、烈火

C.奶粉、水果、稀饭、饼干

D.空调、雪花、冰箱、冰淇淋

其二，从同一属性联想到不同的物体。例如，拥有"红色"属性的事物有：苹果、夕阳、印泥等。训练时可以列举一些属性或现象，如红色、使人发笑的、颗粒状、发光的、尖锐的、圆形的等，再根据这些属性列举相应的事物。

（3）思维活跃程度的训练

思维活跃程度的测试可以按照以下方法进行：

非常用途。要求参与者列举出某种物体一般用途之外的非常用途，如平板电脑，答案可能有照镜子、切菜板、防身武器等。

成语接龙。要求参与者根据别人给出的成语或词语继续往下接，数量越多越好，充分发挥想象力。

故事接龙。这一方法可以多人进行，按照一定的顺序或者随机指定人，大家共同来"创作"故事，每人一句，不必考虑故事的内容和质量如何，最重要的是以短时间的激发来锻炼一个人的思维活跃程度。

综上所述，在人们创造性能力的开发过程中，"新颖"的机遇常常与传统的成见碰撞，只有随时准备突破传统观念、突破权威和教条、突破自己的设计，才容易抓住机遇并获得成功。

二、环境艺术设计的任务

环境艺术设计须经过一系列艰苦的脑力分析和创作思考阶段。在此过程中，需要对每一因素都给予充分的考虑，而任务分析则是进行设计的初始步骤，也是十分重要的设计程序之一。这一步骤包括对项目设计的要求和环境条件的分析，对相关设计资料的搜集与调研等，这些都是有效完成设计工作的重要前提。

（一）分析设计要求

对设计要求的分析主要从两个方面展开：一是针对项目使用者、开发者的信息进行分析，二是对设计任务书的分析。不同的项目任务书详尽程度差别很大，如果不了解并分析项目书中使用者及开发者的信息，或没有现场勘查调研，一切设计就只能在设计人员自"说"自"画"中实现。设计师对环境功能的分析越清晰，就越能对环境进行深入细致的设计。因此，做好设计要求分析是创造出宜人空间的第一步，应从以下几个方面着重考虑。

1. 分析设计对象信息

（1）使用者的功能需求

分析使用人群功能需求的重点是对该人群进行合理定位，了解设计项目中使用人群的行为特点、活动方式以及对空间的功能需求，并由此决定环境设计中应具备哪些空间功能，以及这些空间功能在设计方面的具体要求。在此，这里以两个不同类型的校园空间设计为例进行说明。

中小学校园环境——主要服务人群为中小学生及教师。这些人群需要的功能空间包括道路、绿地以及供学生运动、游戏、种植、饲养、劳动所需的各类场地。如果是盲人学校，在满足以上功能的同时还须在各种空间中加入无障碍设施。

大学校园环境——相对于中小学校园而言规模较大，一些综合类大学还能独立成为一个大学城。校园一般包括教学区、文体区、学生生活区、教职工生活区、科研区、生产后勤区等部分，具有与中小学校园环境截然不同的功能。

由此可见，一个设计如果不能做到对其功能科学地分析并按需设置，甚至连基本功能都不能满足，或强行加入不需要的功能，即使它的设计再美观，也绝对称不上是一个成功的设计。从以上两种不同校园的环境分析中，我们可以看出，对使用人群功能需求的分析十分重要，这些分析都是在设计落笔前要思考清楚的问题。

（2）使用者的经济、文化特征

经济与文化层面的分析是指一个空间未来所服务人群的消费水平、文化水平、社会地位、心理特征等。之所以对这一层面进行深入细致的分析，是因为环境艺术设计不仅要满足人们的物质需求,还应创造出满足人们精神享受的空间环境。例如,一个高端的五星级商务酒店,在这里活动的客人大多是拥有一定工作经验、拥有相对较高的职位、较好的经济基础、较高的学历和文化修养的人。因此,在设计此类酒店环境时就需要精心打造高品质、高品位、高标准、高服务的星级酒店水准。无论是材料的运用、色彩的搭配、灯光的调和、界面的处理,都要适应这类人群的心理需求;而一个时尚驿站式酒店,它的消费人群主要是都市中的年轻人士,他们时尚、前卫、风风火火、有朝气,为这类人群设计酒店环境应当充分考虑住宿的舒适、便捷,注重设计元素的时尚感和潮流性,突出个性和创新。与五星级酒店强调豪华、气派不同,时尚驿站式酒店不一定要使用昂贵的材料与陈设,因为使用人群很少会去关注墙面或脚下大理石的价值,他们更感兴趣的是酒店所渲染的时尚氛围和生活方式。

（3）使用者的审美取向

除了对使用者的功能需求、经济、文化特征进行充分的分析研究外,对使用人群的总体审美取向有一个整体上的把握也十分重要。"审美"是一种主观的心理活动过程,是人们根据自身对某事物的要求所得出的看法,它受所处的时代背景、生活环境、教育程度、个人修养等诸多因素的影响。审美取向的分析主要以视觉感受为主体,包含空间的分割、界面的装饰造型、灯具的造型、光环境、室内家具的造型,色彩及材质、室内陈设的风格,色调等方面。分析使用人群的审美取向就是要满足目标客户人群的审美需要。例如,艺术家个性"张扬"、官员眼中的"得体"、商人追求的"阔气"、时尚人崇尚的"奢华"、西方人眼中的"海派弄堂"等,这些都是他们眼中的美。满足不同人群对美的理解不是设计师茫无目的的迎合,而是在了解、研究人群需求后做出的符合他们审美要求的设计决策。因此,在前期调研分析中慎重、准确、有效地判断使用人群的审美取向对于整个设计是否能够得到认可有着重要的意义和作用。

（4）与开发商有效沟通

环境艺术设计师在设计工作中的沟通是很重要的。在沟通与交流的过程中，客户可以通过表情、神态、声音、肢体语言、文字、语速等诸多方面，传达出自己的思想，表现出自己对事物的好恶。这样设计师就有机会充分感受或觉察到对方的主观态度、关注的重点、做事的目的、处事的方式等，而这些对后续的设计工作来说均是宝贵而有效信息。

环境艺术设计除具备多学科交叉的特征，还带有十分强烈的商业性。诸如展示设计、店面设计、餐厅设计、酒店设计等这些细分的环境设计更经常性地被称作"商业美术"。其商业性表现在两个方面：一方面，对于设计者而言，这种商业性就是获取项目的设计权，用知识和智慧获取利润；另一方面，对于开发商而言，则是通过环境设计达到他们的商业目的——打造一个适合于项目市场定位和满足目标客户需求的环境空间，使客户置身其间，能体验到物质、精神方面的双重满足感，心甘情愿为这样的环境"埋单"，并使商家从中获得商业上的盈利。因此，与开发商进行良好沟通，有利于设计者充分了解项目的真实需求，准确定位开发商的意图，以及客户心中对项目未来环境的设想，才能创造出符合市场需求，并能为项目商业目的服务的环境艺术作品。

（5）分析开发商的需求和品位

经过与客户有效沟通后，项目设计者后续的任务就是对在沟通中获得的相关资料进行认真的、理性的分析，包括以下几个方面。

分析开发商的需求。对开发商需求的分析主要包括两个方面：其一，通过沟通，分析出开发商对该项目的商业定位、市场方向、投资计划、经营周期、利润预期等商业运作方面的需求。例如，同样是餐饮业，豪华酒店、精致快餐、异国风味、时尚小店、大众饭店等均是餐饮业的表现形式，一旦投资者确定了一种定位和经营方式，那么无论从管理模式、商品价位、进货渠道、环境设计等任何一个方面都须符合其定位。此时，设计师需要更多地从商业角度去分析并体会投资者的这种需求,从而制定出设计策略,考虑在设计中将如何运用与之相适应的餐饮环境的设计语言,最终创造出一个完全符合投资者合理定位下的室内外环境。其二,通过沟通,分析投资者对项目环境设计的整体思路和对室内、室外环境设计的预想。此时,设计师将以"专家"的身份提出可行性的设计方案,需要兼顾项目的商业定位和室内外环境设计的合理性及艺术性原则,还需要考虑到投资对项目环境的期望,包括对项目设计风格、设计材料、设计造价的需求等。

分析开发商的品位。"品位"一词已成为当今潮流中被提及最多的词汇之一。无论是时尚界、地产界、餐饮界,还是服装界、汽车界、食品界,每个行业都在以"品位"为噱头,标榜"品位";其实,品位如果抛去时尚的外衣,其实质应当是一个人内在气质、道德修养的外在体现。对开发商品位的分析并不是要片面地对投资者本人进行调查、分析,而是希望通过沟通,感受到投资者乃至整个团队的品位,从而判断出投资方在环境艺术设计项目上的欣赏水平。这种判断和分析对于设计师而言不是最终目的,最终目的是要在了解开发商品位的前提下,分析业主对该项目环境的个人主观意愿及期望。同时,设计者有义务在投资者主观意识偏离项目整体定位的情况下,建议开发商适当地调整自己的思路,让设计团队以专业的设计技术来达到更高的环境艺术设计标准。

在此需要指出的是,作为一名专业环境艺术设计师,要具有专业精神和职业素质。在考虑投资者的要求,满足他们对项目环境设计期望的同时,应该以积极的态度去对待环境艺术设计,要科学而客观地分析设计可能达到的效果和实施的可行性。当遇到投资者的意愿阻碍到设计效果实现的时候,作为设计师,有义务在充分尊重投资者的前提下,以适当的方式提出建设性的意见,并说服业主。

2. 分析设计任务书

在设计任务书中,功能方面的要求是设计的指导性文件,一般包括文字叙述和图纸两部分内容,根据设计项目的不同,设计任务书的详尽程度差别较大,但无论是室内还是室外的环境艺术设计,任务书提出的要求都会包括功能关系和形式特点两方面的内容。

功能需求包括功能的组成、设施要求、空间尺度、环境要求等部分。在设计工作中,除遵循设计任务书要求的同时,还要结合使用者的功能需求综合进行分析;另外,这些要求也不是固定不变的,它会受社会各方面因素的影响而产生变动。例如,在室内设计中,当按以往的标准设计主卧时,开间至少达到3.9m,方能在满足内部设施要求的同时兼顾舒适度;但伴随着科技的发展,壁挂式电视走入千家万户,电视柜已无用武之地,其以往所占的空间就得以释放,此时3.6m开间的设计足以达到舒适度的标准,而其节约下来的则不仅仅是0.3m的空间,更是宽阔的视野。

不同类型或风格的环境设计有着不同的性格特点。例如,纪念性广场需让人感受到它的庄严、高大、凝重,为瞻仰活动提供良好的环境氛围。而当人们在节假日到商业街休闲购物时,这里的街道环境气氛就应是活泼、开朗的,并能使人们在这里放松因工作而紧绷的神经,获得轻松、愉悦的感受。这时环境设计可以考虑自由、舒畅的布局,强烈、明快的色彩,醒目、夸张的造型,使置身其中的购物者深受感染。因此,对环境进行艺术设计时应始终围绕其性格特征进行设计。

(二)对环境条件进行分析

环境艺术项目设计之初,需要对室内外环境进行诸多的实地分析和调研。这种设计分析包括对项目所在地的自然环境、人文环境、经济与资源环境以及周边环境的分析。分析将有助于设计更加人性化。

1.分析室内设计条件

大多数情况下,室内环境设计会受到楼层、朝向、噪声、污染等各种条件的制约。这些制约条件都会影响室内环境设计的思路和处理手法。此外,室内环境设计还受到建筑条件的影响,设计师必须对建筑原始图纸进行分析,其内容包括以下几个方面。

其一,对建筑功能布局的分析。建筑设计尽管在功能设计上做了大量的研究工作,确定了功能布局方式,但仍难免出现不妥之处。设计师要从生活细节出发,通过建筑图纸进一步分析建筑功能布局是否合理,以便在后续的设计中改进和完善。这也是对建筑设计的反作用,也是一种互动的设计过程。

其二,对室内空间特征的分析。分析室内空间是围合还是流通,是封闭还是通透,是舒展还是压抑,是开阔还是狭小等空间的特征。

其三,对建筑结构形式的分析。室内环境设计是基于建筑设计基础上的二次设计。在实际的设计工作中,有时由于业主对使用功能的特殊要求,需要变更土建形成的原始格局和对建筑的结构体系进行变动;此时,需要设计师对需调整部分进行分析,在不影响建筑结构安全的前提下做出适当调整。因此,可以说这是为了保证安全必须进行的分析工作。

其四,对交通体系设置特点的分析。室内交通体系主要包括走廊、楼梯、电梯等,要对这些联系空间进行布局,研究它们怎样将室内空间分隔,又怎样使流线联系起来。

其五,对后勤用房、设备、管线的分析。分析能力也是衡量设计师业务素质的重要评价标准之一。需要指出的是,有时由于实际施工情况和建筑图纸资料之间存在误差,或者是由于建筑图纸资料缺失,那么这就需要设计师到实地调研,对建筑条件进行深入的现状分析。

2. 分析室外设计条件

调查是手段,基地条件分析在整个设计过程中占有很重要的地位,深入细致地进行基地分析有助于用地的规划和各项内容的进一步详细设计,并且在分析过程中还会产生一些很有价值的设想。

（1）自然因素

每一个具体的环境艺术设计项目都有其特定的所在地，而每一个地方都有其特有的自然环境。自然环境的不同往往赋予环境设计独特的个性特点：在一个设计开始进行时，需要对项目所在场地所处的更大区域范围进行自然因素的分析。例如，当地的气候特点，包括日照、气温、主导风向、降水情况等，基地的地形（坡级分析、排水类型分析）、坡度、原有植被、周边是否有山、水自然地貌特征等，这些自然因素都会对设计产生有利或不利的影响，也都有可能成为设计灵感的来源。

（2）人文因素

每一座城市都有属于自己的历史、文化印记。辉煌的古代帝王都城、宜人的江南水乡、曾经的殖民租借口岸、年轻的外来移民城市……不同城市有其独特的演变和发展轨迹，孕育出了不同的地域文化，形成了不同的风俗民情。所以，在设计具体方案之前，有必要对项目所在地的历史、文化、民间艺术等人文因素进行全面调查和深入分析，并从中提炼出对设计有用的元素。

（3）经济、资源因素

对项目周边经济、资源因素的分析包括经济增长的情况、经济增长模式、商业发展方向、总体收入水平、商业消费能力、资源的种类、特点以及相关基础设施建设的情况等，这些因素对项目定位、规划布局、配套设施的建设都有一定的影响。

（4）建成环境因素

对景观设计项目而言，建成环境因素是指项目周边的道路、交通情况、公共设施的类型和分布状况、基地内和周边建筑物的性质、体量、层数、造型风格等，还有基地周边的人文景观等。设计者可以通过现场踏勘、数据采集、文献调研等手段获得上述相关信息，然后进行归类总结。这是在着手方案设计之前必须进行的工作。

对室内环境设计项目而言，建成环境的分析主要是指对原建筑物现状条件的分析,包括建筑物的面积、结构类型、层高、空间划分的方式、门窗楼梯及出入口的位置、设备管道的分布等,对原环境的分析越深入,在设计中才越能做到心中有数,少走弯路,提高方案的可实施性。

(三)搜集和调研资料

1.收集现场资料

尽管有发达的现代地理信息系统技术,尽管人们坐在办公室里就能从不同层面认识和分析远在千里之外的场地特征,尽管凭借建筑图纸,就可以建立起室内空间的框架和基本形态,但设计师对场地的体验和对其氛围的感悟是任何现代技术都无法取代的。这就要求设计者必须进行实地的观察,亲身体验场地的每一个细节,用眼去观察,用耳去聆听,用心去体会,在实地环境中寻找有价值的信息。在场地中能听到的、嗅到的以及感受到的一切都是场地的一部分,都有可能对项目产生影响,也都有可能成为设计的切入点甚至是亮点。因此,只有通过实地的勘察,才能获得最为宝贵的第一手资料,真正认识场地的独特品质,把握场地与周围区域的关系,从而获得对场地的全面理解,为日后的设计打下基础。体验场地的过程可以用拍照、速写、文字的形式记录重要信息或现场的体会。在条件允许的情况下,还可以在项目过程中进行多次现场体验,作为不断修正方案的依据。

(1)场地调查

室内调查内容包括:量房、统计场地内所有建筑构建的确切尺寸及现有功能布局。查看房间朝向、景象、风向、日照、外界噪声源、污染源等。

室外基地现状包括收集与基地有关的技术资料进行实地踏勘、测量两部分工作。

(2)实例调研

资料的查询和搜集是获取和积累知识的有效途径,而实例调研能够得到设计实际效果的体验。在实地参观同类型项目的室内外环境设计时，通过对一些已建成项目的分析，从中汲取"养料"，吸取教训，会对设计师在做设计时产生有益的参考价值。

首先，实例的许多设计手法和解决设计问题的思路在亲临实地调研时有可能引发创作灵感，在实际设计项目中可以借鉴发挥；其次，经过调研后，在把握空间尺度等许多设计要点上可以做到心中有数；最后，实例中的很多方面，如材料使用、构造设计等远比教科书来得生动，更直观易懂。

在实地调研之前应该做好前期准备工作，尽可能收集到这些项目的背景资料、图纸、相关文献等，初步了解这些项目的特点和成功所在，在此基础上进行实地考察才能真正有所收获，而非走马观花、流于形式。总之，在实地调研时，要善于观察、细心琢磨、勤于记录，这也是设计师应该具备的专业素养。

2. 收集图片、文字资料

环境艺术设计是综合运用多学科知识的创作过程，环境设计师需要了解并掌握相关规范制度，运用外围知识来启迪创作思路，解决设计中的实际问题。这既是避免走弯路、走回头路的有效方法，也是认识熟悉各类型环境的最佳捷径。因此，对于还处于设计学习阶段的学生而言，由于自身的学识、眼界还比较有限，特别需要借助查询资料来拓宽自己的知识面。相关资料的收集包括以下几个部分。

其一，设计法规和相关设计规范性资料。查阅与该设计项目有关的设计规范，要铭记在心，以防在设计中出现违规现象。

其二，项目所在地的文化特征。收集文化特征图片、记录地区历史、人文的文字或图片，查阅地方志、人物志等。一是可以启发灵感，二是在设计中运用特定设计要素时（包括符号、材料等）与文脉有一定联系。当然，不是所有的设计内容都要表达高层次的文化性，但有时也是很有必要表达个性的，这就需要设计师注重平时的积累。

其三,优秀设计的资料。在前期准备阶段搜集优秀设计项目的图片、文字等资料可以为设计工作提供创作灵感。在现代的网络时代中,通过网络和书籍搜寻到全国各地、世界各地的相关类型的设计资料,可以节省逐一现场参观的时间,也可以领略到各国、各地的设计特色,作为对即将操作项目的启发之用。

资料的搜集可以帮助拓宽眼界,启迪思路,借鉴手法。但是一定要避免先入为主,否则,使自己的设计走上拼凑,甚至抄袭他人成果的错误道路,最终丧失的是自己积极创作的精神。

第四节　生态化及环境艺术设计的表达技法

一、环境艺术设计生态化

(一)环境艺术设计中的生态化理念

1. 何为生态化

国内学者对于环境艺术设计已经给出了明确的概念,本文着重研究艺术设计与环境的关系,如何将生态环境与人类生活和设计创造进行有效的协调,设计出一个具有美感和生态合理的居住生活空间。生态化的环境艺术设计是基于生态环境保护和绿色健康的生活而提出的,对现在设计与生活具有一定的指导作用。

2. 生态化理念演化与特征

生态化设计理念其实在我国和西方很早就提出了,中国最早的道家思想中"天人合一""人法自然"等观点是生态化理念的最初源泉,西方到近代生态学和生态哲学的发展使得人们开始重视人与自然的关系,由最初的驾驭自然到现在的人与自然和谐共处,这些都是生态化理念的演化与发展。

3. 生态化环境艺术设计要素分析

对于环境艺术设计中的生态化设计而言，其包含着很多的设计要素，生态化研究目的是让人类与自然及资源达成一个和谐共存的局面，以利于人们建立更美好的居住空间。生态化环境艺术设计的要素主要有技术、材料和能耗等方面的因素。无论是生态化环境艺术设计，还是绿色环境艺术设计或是可持续环境艺术设计，它们在发展上都有一个共同的特征，就是都是对人与自然的思考与反思，是对人们生活方式和生产方式以及如何更好地设计与创造人类生存空间的有效的尝试，生态化环境艺术设计对于发掘适合现代城市发展的实践应用具有重要的意义。

（二）环境艺术设计生态化研究应用与实践研究

生态化的环境艺术设计是人类活动与经济发展、自然环境和生态环境以及以后发展的和谐共存与有机统一的有效探索。下面将从生态化的技术、材料和绿色环保设计等方面来论述环境艺术设计生态化研究应用与实践。

1. 技术生态化

环境艺术设计生态化研究中技术是营造良好的设计成果的基础，离开了技术生态化设计也就无从谈起，新技术的应用促进环境艺术设计中各种理念成为现实，不再是构想。环境艺术设计借助现代先进的技术，创造出适应社会发展的物质生活环境和适宜人类的良好居住空间。

2. 材料生态化

环境艺术设计离不开材料，空间环境的构建需要各种材质的应用，对于环境艺术设计师而言，明确材质的特性并能够合理地应用这些材质则显得尤为必要，除了了解材料的特性，更重要的是要懂得材质的加工方法与工艺，知道这些天然和环保、绿色的材质如何在空间环境中应用才能够真正地将生态化设计以及生态环保观念融入环境艺术设计之中,为城市生活及生存环境的建设及改造贡献自己的力量。

3.绿色环保生态化设计

环境艺术设计的关键是设计实践,对于城市环境和居住空间环境的生态化建设的是对城市中的高速工业发展与生态环境的破坏以及人们不断提高的物质和精神享受的平衡,用设计的手法和语言改变环境污染和生态破坏的现状,通过环保绿色的设计要求,应用到现实中的环境艺术设计之中,寻求新技术和新材料以及降低工业能耗的方式,提倡健康低碳的生活方式,把绿色环保生态化设计作为衡量环境艺术设计的标准进行执行。在环境艺术设计领域生态化设计是现代设计师对环境污染问题的重要思考与反思,从设计阶段做好生态化的设计,不是先建设后治理,而是先治理后建设,改变传统的设计生产模式,建设和谐健康可持续发展之路。

二、环境艺术设计的表达技法

（一）工程制图的表达技法

建筑的内部是由长、宽、高三个方向的立体空间所构成的。要科学地再现空间界面的关系,就必须利用正投影制图,绘制出空间界面的平、立、剖面图（见图1-8）。

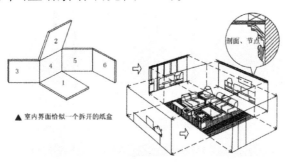

▲室内界面恰似一个拆开的纸盒

图1-8　平面、立面、剖面示意图

1. 平面图

建筑平面图是房屋的水平剖视图,其实是用一个假想的水平面,在窗台之上剖开整幢房屋,移去处于剖切面上方的房屋将留下的部分按俯视方向在水平投影面上作正投影所得到的图样。平面图图纸的主要内容包括:

第一,图名、比例、朝向——设计图上的朝向一般采用"上北下南左西右东"的规则。比例一般采用1：100,1：200,1：50等。

第二,墙、柱的断面,门窗的图例,各房间的名称。

第三,其他构配件和固定设施的图例或轮廓形状。除墙、柱、门和窗外,在建筑平面图中,还应画出其他构配件和固定设施的图例或轮廓形状。如楼梯、台阶、平台、明沟、散水、雨水管等的位置和图例,厨房、卫生间内的一些固定设施和卫生器具的图例或轮廓形状。

第四,必要的尺寸、标高,室内踏步及楼梯的上下方向和级数。

第五,有关的符号——在平面图上要有指北针(底层平面);在需要绘制剖面图的部位,画出剖切符号。

平面图的绘制如图1-9所示。

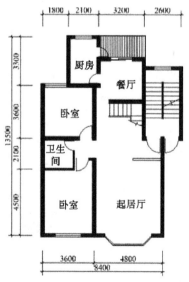

图1-9 某家庭室内平面图

平面图的画法：①选择比例布置图面；②画轴线，轴线是建筑物墙体的中心控制线；③画墙柱轮廓线，承重墙厚为240mm，即在轴线两边分别量取120mm画出墙身轮廓线；④画出门、窗、陈设家具等建筑装饰细部；⑤画尺寸线及标注尺寸文字。

2. 立面图

建筑立面图是在与房屋立面相平等的投影面上所作的正投影。主要用来表示房屋的体型和外貌、外墙装修、门窗的位置与形状，以及遮阳板、窗台、窗套、檐口、阳台、雨篷、雨水管、平台、台阶、花坛等构造和配件各部分的标高和必要的尺寸。立面图的图纸内容包括：

第一，图名和比例——比例一般采用1∶50,1∶100,1∶200。

第二，房屋在室外地面线以上的全貌，门窗和其他构配件的形式、位置以及门窗的开户方向。

第三，表明外墙面、阳台、雨篷、勒脚等的面层用料、色彩和装修做法。

第四，标注标高和尺寸。

正立面图 1:100

图 1—10　建筑立面图

立面图的画法：①从平面图中引出立面的长度，量出立面的高度以及各部位的相应位置；②画地平线和房屋的外轮廓线；③画门、窗、台阶等建筑细部；④画墙面材料和装修细部及家具、陈设投影；⑤标示图名、文字说明及材料、构造做法。

3. 剖面图

建筑剖面图是房屋的垂直剖视图，也就是用一个假想的平行于正立投影面或侧立投影面的竖直剖切面剖开房屋，移去剖切平面与观察者之间的房屋，将留下的部分按剖视方向投影面作正投影所得到的图样。

剖面图的图纸内容包括：

第一，剖面应剖在高度和层数不同、空间关系比较复杂的部位，在底层平面图上表示相应剖切线。

第二，图名、比例和定位轴线。

第三，各剖切到的建筑构配件：室外地面的地面线、室内地面的架空板和面层线、楼板和面层；被剖切到的外墙、内墙及这些墙面上的门、窗、窗套、过梁和圈梁等构配件的断面形状或图例；被剖切到的楼梯平台和梯段；竖直方向的尺寸、标高和必要的其他尺寸。

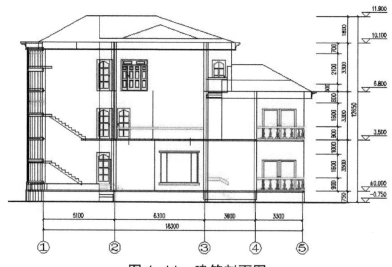

图 1-11　建筑剖面图

剖面图的画法：①选择剖切位置及比例；②画墙身轴线和轮廓线、室内外地平线、屋面线；③画门、窗洞口和屋面板、地面等被剖切的轮廓线；④画室内陈设、建筑细部；⑤画断面材料符号，如钢筋混凝土柱填充相应制图符；⑥画标高符号及尺寸线。

按剖视方向画出未剖切到的可见构配件：剖切到的外墙外侧的可见构配件；室内的可见构配件；屋顶上的可见构配件。

竖直方向的尺寸、标高和必要的其他尺寸。

（二）手绘表现技法

1. 不同工具的手绘表现技法

（1）铅笔画

铅笔是作画的最基本工具，优点是价格低廉、携带方便，特别有助于表现出深、浅、粗、细等不同类别的线条及由不同线条所组成的不同的面。由于绘图快捷，铅笔除了作为建筑表现画的工具之外，还常用来绘制草图和推敲研究设计方案。

铅笔画表现的关键是：用笔得法，线条有条理，有轻重变化，这样才能产生优美而富有韵律及变化的笔触，而笔触正是铅笔画所具有的独特风格。

图1-12　铅笔表现画

（2）钢笔画

在设计领域中，用钢笔来表现建筑非常普遍。钢笔画的特点是黑白对比强烈，灰色调没有其他工具丰富。因此，用钢笔表现对象就必须用概括的方法。能够恰当地运用洗练的方法、合理地处理黑白变化和对比关系，就能非常生动、真实地表现出各种形式的建筑形象。

图1-13　钢笔画建筑

（3）水彩画

水彩画具有色彩清新明快、质感表现力强、效果好等优点，常被用来作为建筑设计方案的最后表现图。

水彩画有两个显著的特点：一是画面大多具有通透的视觉感觉；二是绘画过程中水的流动性造成了水彩画不同于其他画种的外表风貌和创作技法的区别。颜料的透明性使水彩画产生一种明澈的表面效果。

图1-14　水彩画建筑

（4）马克笔画

马克笔画的特点是线条流利，色彩艳丽，干得快，具有透明感，使用方便。其概念性、写意性、趣味性和快速性是其他工具所不能代替的。

图1-15 马克笔手绘图

2. 不同表达技法的手绘

（1）线条图

线条图是以明确的线条描绘建筑物形体的轮廓线来表达设计意图的，要求线条粗细均匀、光滑整洁、交接清楚。常用工具有铅笔、钢笔、针管笔、直线笔等。建筑设计人员绘制的线条图有徒手线条图和工具线条图。

①徒手线条图。徒手线条图就是不用直尺等其他辅助工具画的图。徒手线条柔和而富有生机。徒手线条虽然以自由、随意为特点，但不代表勾画时可以任意为之，还是需要注意一些处理手法，这样勾画出的线条才会有挺直感、韵律感和动感。徒手线条图的绘制要领是：下笔要肯定，每一笔的起点和终点交代清楚，为了使线条位置准确和平直而反复地一段段地描画是绘画者要尽力避免的做法。

线与线之间的交接同样要交代清楚。可以使两个线条相交后，略微出头，能够使物体的轮廓显得更方正、鲜明和完整。略微出头的相交显然比两条完美邻接的线条画得更快，并且使绘图显得更加随意和专业。

②工具线条图。一旦建筑方案基本确定下来，需要准确地将建筑的尺度、建筑的形态表达出来时，一般需选择工具线条图。工具线条图的精准有助于我们把握建筑中的尺度关系，明确建筑的轮廓线。一般对工具线条图的要求是线条光滑、粗细均匀，交

接清楚,常用绘图工具如下。

a.丁字尺和三角板。丁字尺和三角板使用前必须擦干净;丁字尺头要紧靠图板左侧,不可以在其他侧面使用;水平线用丁字尺自上而下移动,从左向右运笔;三角板必须紧靠丁字尺尺边,角向应在画线的右侧;垂直线用三角板由左向右移动,运笔自下向上。

使用丁字尺和三角板,可画出 15°、30°、45°、60°、75° 等常用角度。

b.圆规和分规。用圆规画圆时,应顺时针方向旋转,规身可略前倾;画大圆时,可接套杆,此时针尖与笔尖要垂直于纸面,画小圆时,用点圆规;用分规时应先在比例尺或线段上度量,然后量到图纸上,分规的针尖位置应始终在待分的线上,弹簧分规可作微调;注意保护圆心,勿使图纸损坏;若曲尺与直线相接,应先曲后直,若曲线与曲线相接,应位于切线处。

c.铅笔。铅笔线条是一切建筑画的基础,通常多用于起稿和方案草图。

d.直线笔(鸭嘴笔)。常用绘图墨水或碳素墨水,调整螺丝可控制线条的粗细;将墨水注入笔的两叶中间,笔尖含墨不宜长过 6 ~ 8mm,否则易滴墨,笔尖在上墨后要擦干净,保持笔外侧无墨迹,以免洇开;用完后,务必放松螺丝,擦尽积墨;画线时,笔尖正中要对准所画线条,并与尺边保持一微小距离,运笔时,要注意笔杆的角度,不可使笔尖向外斜或向里斜,行进速度要均匀。

e.比例尺。比例尺上刻度所注长度,表示了要度量的实物长度,如1：100比例尺上的1m刻度就代表了1m长的实物。此时,长度尺寸是实物的1/100。

（2）渲染图

渲染是表现建筑形象的基本技法之一,建筑渲染图通常用水墨渲染和水彩渲染。

水墨渲染是用水来调和墨,在图纸上逐层染色,通过墨的浓、淡、深、浅来表现对象的形体、光影和质感(见图1-16)。水彩渲染则是将墨换为水彩颜料,渲染时不仅讲究颜料的浓淡深浅关系,还要考量颜料之间的色彩关系。建筑渲染是传统的表现技法之一,它具有很多鲜明的特点。第一,形象性。形象性表现为人们在日常生活中对建筑及其环境的细心观察与体验,素材积累日渐丰富,促使大脑产生记忆和联想,形象思维能力和想象能力不断提高,从而激发建筑创作灵感。第二,秩序性。建筑形象的创作应遵循一定的形式美规律法则,如在西方古典柱式水墨渲染作业中,既强调画面构图的完整性和诠释柱式主体与背景的主从关系的配合,又强调建筑物在强光照射条件下各组成部分之间的明暗对比关系,从而达到建筑空间和建筑形象的统一。第三,技巧性。建筑渲染技法有独特的技巧性,具体体现在构图严谨,有序统一,明暗生动,光感强烈。

图 1-16　水墨渲染图

渲染工具有:①毛笔。一般用于小面积渲染,至少准备三支,即大、中、小,可分为:羊毫类,如白云;狼毫类,如依纹或叶筋。②排笔。通常用于大面积渲染。排笔宽度一般为 50 ~ 100mm,羊毫类。③贮水瓶、塑料桶或广口瓶。用于裱纸以及调和墨汁和水彩颜料。

主要调色用具有:①调色盒。分 18 孔和 24 孔,市场有售。②小碟或小碗若干。用于不同浓淡的墨汁和不同颜色的调和。③"马利牌"水彩颜料。用于色彩渲染。有 12 色或 18 色,市场有售。④"一得阁"墨汁。用于水墨渲染。瓶装,市场有售。

　　裱纸用具：①水彩纸。应选择质地较韧，纸面纹理较细又有一定吸水性能的图纸。②棉质白毛巾。棉质毛巾吸水性好，较柔软，不易使纸面产生毛皱和擦痕，利于均匀渲染。不要使用带有色彩和印花的毛巾，避免因毛巾褪色而污染纸面。③卫生糨糊或纸面胶带(市场有售)。用糨糊或胶带把浸湿好的水彩纸固定在图板上。

　　裱纸技巧及方法——为了使所渲染的图纸平整挺阔，方便作画过程，避免因用水过多和技法不熟而引起纸皱，渲染前应细心裱纸，以利作画。常见的裱纸方法有两种：干裱法和湿裱法。干裱法。比较简单，适用于篇幅较小的画面，具体步骤为：将纸的四边各向内折 1～2cm。图纸正面刷满清水，反面保持干燥，平铺于图板上。在图纸内折的 1～2cm 的反面均匀涂上糨糊或胶水，固定在图板上。把图板平放于通风阴凉干燥的地方，毛巾绞干水后铺在图纸中央，待图纸涂抹糨糊的四个折边完全干透后，再取下毛巾即可。湿裱法。湿裱法较干裱法费时多，对画面篇幅的限制小。具体步骤为：将纸的正反两面都浸湿，如纸张允许，可在水中浸泡 1～3min。把浸湿过的图纸平铺在图板上，并用干毛巾蘸去纸面多余的水分。用绞干的湿毛巾卷成卷，轻轻在湿纸表面上滚动，挤压出纸与图板之间的气泡，同时吸去多余水分。待纸张完全平整后，用洁净的干布或干纸吸去图纸反面四周纸边 1～2cm 内的水分，将备好的胶水或糨糊涂上，贴在图板上。为防止画纸在干燥收缩过程中沿边绷断，可进一步用备好的 2～3cm 宽的纸面水胶带(市场有售)贴在纸张各边的 1～2cm 处，放在阴凉干燥处待干。湿裱法避免了干裱法因纸张正反两面干湿反差大的弊病。由于图纸正反面同步收缩，纸张与图板紧密吻合，上色渲染时只要不大量用水，则可自始至终保持平整，利于作画。

　　渲染图常见的渲染方法有三种，即平涂法、退晕法和叠加法。平涂法：常用于表现受光均匀的平面。一般适合单一色调和明暗的均匀渲染。退晕法：用于受光强度不均匀的平面或曲面。具体可以由浅到深或者由深到浅地进行均匀过渡和变化。例如，天空、地面、水面的不同远近的明暗变化以及屋顶、墙面的光影变化及色彩变化等。叠加法：用于表现细致、工整刻画的曲面，如圆柱、圆台等。可事先把画面分成若干等份，按照明暗和光影的变化规律，用同一浓淡的墨水平涂，分格叠加，逐层渲染。

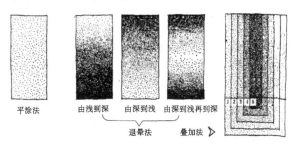

平涂法　　由浅到深　　由深到浅　由深到浅再到深
　　　　　　　　　退晕法　　　叠加法 ▷

图1-17　渲染方法效果示意

渲染运笔法大致有三种：水平运笔法、垂直运笔法和环形运笔法。水平运笔法：用大号笔做水平移动，适宜于作大面积部位的渲染。如天空、大块墙面或玻璃幕墙及用来衬托主体的大面积空间背景等。垂直运笔法：宜作小面积渲染，特别是垂直长条状部位。渲染时应特别注意：上下运笔一次的距离不能过长，以免造成上墨不均匀；同一横排中每次运笔的长短应大致相等，防止局部过长距离的运笔造成墨水急剧下淌而污染整个画面。环形运笔法：常用于退晕渲染。环形运笔时笔触的移动既起到渲染作用，又发挥其搅拌作用，使前后两次不同浓淡的墨汁能不断均匀调和，从而达到画面柔和渐变的效果。

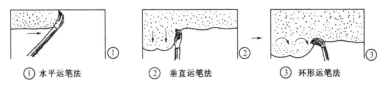

① 水平运笔法　　② 垂直运笔法　　③ 环形运笔法

图1-18　渲染运笔法示意

光线的构成及其表达法。通常情况下，建筑画的光线方向确定为上斜向45°，而反光定为下斜向45°。如图1-19所示，这是它们在画面上（即平面、立面）的光线表示。

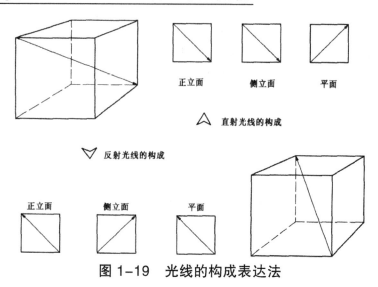

正立面　　　側立面　　　平面

△ 直射光线的构成

▽ 反射光线的构成

正立面　　　側立面　　　平面

图 1-19　光线的构成表达法

（三）设计方案的模型制作技法

1. 设计模型的制作步骤

（1）准备制作工具及材料

绘图工具：绘图笔、钢尺、比例尺等；

切割工具：美工刀、线锯及锉、剪刀等；

联结剂：502 胶、双面胶等黏合剂；

辅助工具：砂纸、手工及电动五金工具等。

（2）制作材料

金属或有机玻璃板、木板条、彩色硬纸板、塑料泡沫及 KT 板、金属或塑料线、固体石膏、橡皮泥、海绵、绒布等材料。

（3）制作模型的底盘，拷贝平面布局图纸

模型的底盘一般以木芯板为基面，在上面粘贴相应的模型底材，接着把模型的平面图拷贝到底面，刻画出指示线，把部件附着其上。

（4）修剪与裁剪、切割材料

切割材料时，根据材料的厚度进行数次划割，要准备锋利的刀刃和钢尺，避免产生粗糙的边缘。

（5）附着部件

大多数的材料能使用胶水或双面胶黏合起来，在结合点需要被隐藏的地方，可以使用别针固定。

（6）整合结构，装配组件

分别建立好部件后，把它们按照计划好的关系固定在适当位置上，恰当地装配组件，对齐边缘以求精确，对连接点进行细节处理并加固。

2. 模型的制作方法

（1）卡纸模型制作方法

第一，一般选用厚硬卡纸（1.2 ~ 1.8 mm厚）作为骨架材料，预留出外墙的厚度，然后用双面胶将玻璃的材料（可选用幻灯机胶片或透明文件夹等）粘贴在骨架的表面，最后将预先刻好的窗洞及做好色彩质感的外墙粘贴上去。

第二，将卡纸裁出所需高度，在转折线上轻划一刀，就可以很方便地折成多边形，因其较为柔软，可弯成任意曲面，用白乳胶粘接，非常牢固。

第三，在制作时应考虑材料的厚度，只在断面涂胶。

第四，注意转角与接缝处平整、光洁，并注意保持纸板表面的清洁。

第五，选用卡纸材料做的模型最后呈一种单纯的白色或灰色。

由于卡纸模型制作使用工具简单，制作方便，价格低廉，并能够使我们的注意力更多地集中到对设计方案的推敲上去，不为单纯的表现效果和烦琐的工艺制作浪费过多时间，而尤其受到广大学生的青睐。

（2）泡沫模型制作

在方案构思阶段，为了快捷地展示建筑的体量、空间和布局，推敲建筑形体和群体关系，常常用泡沫制作切块模型。这是一种验证、调整和激发设计构思的直观有效的手段。单色的泡沫模型，不强调建筑的细节与色彩，更强调群体的空间关系和建筑形体的大比例关系，帮助制作者从整体上把握设计构思的方向和脉络。

泡沫模型制作的流程与方法为：

第一，估算出模型体块的大致尺寸，用裁纸刀或单片钢锯在大张泡沫板上切割出稍大的体块。

第二，如果泡沫板的厚度不够，可以用白乳胶将泡沫板贴合，所贴合板的厚度应大于所需厚度。

第三，当断面粗糙时，可用砂纸打磨，以使表面光滑，并易于粘贴。

第四，泡沫模型的尺寸如果不规则，尺寸不易徒手控制，可以预先用厚卡纸做模板并用大头针固定在泡沫上，然后切割制作。

第五，泡沫模型的底盘制作可以采用以简驭繁的方法，用简洁的方式表示出道路、广场和绿化。

泡沫模型由于制作快捷，修改方便，重量又非常轻，因此常用于制作建筑的体块模型和城市规划模型，受到设计者的喜爱。

（3）坡地、山地的制作

比较平缓的坡地与山地可以用厚卡纸按地形高度加支撑，弯曲表面做出。坡度比较大的地形，可以采用层叠法和削割法来制作。

层叠法就是将选用的材料层层相叠，叠加出有坡度的地形。一般可根据模型的比例，选用与等高线高度相同厚度的材料，如厚吹塑板、厚卡纸、有机玻璃等材料，按图纸裁出每层等高线的平面形状，并层层叠加粘好，粘好后用砂纸打磨边角，使其光滑，也可喷漆加以修饰，但吹塑板喷漆时易融化。

削割法主要是使用泡沫材料，按图纸的地形取最高点，并向东南西北方向等高或等距定位，切削出所需要的坡度。大面积的坡地可用白乳胶将泡沫粘好拼接以后再切削。泡沫材料容易切削，但在喷漆时易融化。

3.配景的制作

建筑物是依据环境的特定条件设计出来的，周围的一景一物都与之息息相关。环境既是我们设计构思建筑的依据之一，也是烘托建筑主体氛围的重要手段。因此,配景的制作在模型制作中也是非常重要的。

建筑配景通常包括树木、草地、人物、车辆等,选用合适的材料,以正确的比例尺度是配景模型制作的关键。

（1）树的制作

树的做法有很多种,总的来讲可以分为两种:抽象树与具象树。抽象树的形状一般为环状、伞状或宝塔状。抽象树一般用于小比例模型中（1： 500 或更小的比例）,有时为了突出建筑物,强化树的存在,也用于较大比例模型中（1： 30 ～ 1： 250）。用于做树模型的材料可以选择钢珠、塑料珠、图钉、跳棋棋子等。

制作具象形态的树的材料有很多,最常用的有海绵、漆包线、干树枝、干花、海藻,等等。其中海绵最为常用,它既容易买到,又便于修剪,同时还可以上色,插上牙签当树干等,非常方便适用。用绿色卡纸裁成小条做成树叶,卷起来当树干,将树干与树叶粘接起来,效果也不错。此外,漆包线、干树枝、干花等许多日常生活中的材料,进行再加工都可以制成具有优美形状的树。

图 1-20　模型树的制作

（2）草地的制作

制作草地的材料有色纸、绒布、喷漆、锯末屑、草地纸等。锯末屑的选用要求颗粒均匀,可以先用筛子筛选,然后着色晒干后备用。将白乳胶稀释后涂抹在绿化的界域内,撒上着色的锯末屑（或干后喷漆）,用胶滚压实晾干即可。

做草地最简单易行的方法就是用水彩、水粉、马克笔、彩铅等在卡纸上涂上绿色，或者选用适当颜色的色纸，剪成所需要的形状，用双面胶贴在底盘上。另外，也可以用喷枪进行喷漆，调配好颜色的喷漆可以喷到卡纸、有机玻璃、色纸等许多材料上。在喷漆中加入少许滑石粉，还可以喷出具有粗糙质感的草地。

（3）人与汽车的制作

模型人与模型汽车的制作尺度一定要准确，它为整个模型提供了最有效的尺度参照系。

模型人可以用卡纸做。将卡纸剪成合适比例和高度的人形粘在底盘上即可，也可以用漆包线、铁丝等弯成人形。人取实际身高 1.70 ~ 1.80m，女性稍低些。

汽车的模型可以用卡纸、有机玻璃等按照车顶、车身和车轮三部分裁成所需要的大小粘接而成。另一种更为便捷的方法是用橡皮切削而成。小汽车的实际尺寸为 1.77m × 4.60m 左右。在模型上多取 5m 左右的实际长度按比例制作。

第二章　生态化材料与环境
艺术设计思维方法

环境艺术设计离不开材料,空间环境的构建需要各种材质的应用,明确材质的特性并能够合理地应用这些材质尤为必要。当然,更重要的是懂得材质的加工方法与工艺,知道这些天然和环保以及绿色的材质如何在空间环境中应用才能够真正将生态化设计以及生态环保观念融入环境艺术设计之中,为城市生活及生存环境的建设及改造贡献自己的力量。

第一节　环境与材料的关系论谈

一、材料的环境意识

环境意识作为一种现代意识,已引起了人们的普遍关注和国际社会的重视。随着现代社会突飞猛进的发展,全球资源的消耗越来越大,所产生的废弃物也不断增加,环境破坏日益严重。因此,环境问题被提上日程,保护环境、节约资源的呼声越来越高。

长期以来,人们在开采、利用材料的过程中,消耗了大量的资源,并对环境造成了极大的污染。与生物一样,材料也有一定的"生命周期",图 2-1 中虚线箭头表示可能的污染源。

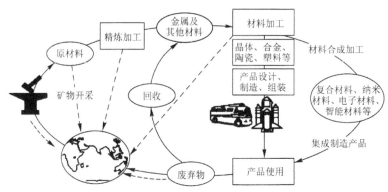

图2-1 材料的"生命周期"示意图

二、材料选择与环境保护

随着环境问题的不断放大，人类开始寄希望于设计，以期通过设计来改善目前的生存环境状况。减少环境污染、保护生态成为设计师选用设计材料所必须考虑的重要因素。

图2-2所示的是由日本Victor公司推出的玉米淀粉制成的玉米光盘，与传统光盘材料不同，玉米光盘取材自然，在制作的过程中不会产生大量的污染，且废弃后可自然分解。

毕业于英国皇家艺术学院的琼·阿特费尔德将回收的香波、洗洁剂瓶子绞碎，热压成塑料薄板，创造出一种可以用传统木工工具加工的绿色材料。RCP椅就是利用这一材料制作的"绿色"家具，其色彩丰富，廉价而具有可消费性。图2-3为利用废旧塑料制作的RCP椅子。

图2-2 玉米光盘

图2-3 RCP塑料椅子

英国设计师卢拉·多特设计的瓶盖灯（见图2-4）是由塑料瓶口与瓶盖所组成。在设计师的巧手下，各种废弃物纷纷变身为华丽的时尚灯饰。设计者将破损的塑料瓶收集起来，将它们重新组合利用，赋予其新的生命，让它再次在灯具中发光。而这款瓶盖灯共由约40个塑料瓶口瓶盖组成。

图2-4　瓶盖灯

设计师米歇尔·布兰德设计的这些吊灯（见图2-5）是从塑料饮料瓶的底部剪下来的，造型典雅美丽。

图2-5　吊灯

由沃里克大学制造集团公司与PVAXX研发公司以及摩托罗拉公司合作开发的新型环保手机产品（见图2-6），废弃后可以将其埋到泥土里，几周后可自然分解为混合肥料。

图2-6　环保手机产品

设计中保持材料的原材质表面状态,不仅有利于回收,同时,材料本身的材质也能给人粗犷、自然、质朴的特殊美感,图 2-7 是采用铝材制作的座椅,表面不经任何处理,极易回炉再利用。

图 2-7　铝制座椅

图 2-8 是树干长椅,由真实的树干铜制成,具有强烈的质地美感。

图 2-8　树干长椅

第二节　环境艺术设计材料与生态化研究

生活中常用的环境设计材料主要有黄沙、水泥、黏土砖、木材、人造板材、钢材、瓷砖、合金材料、天然石材和各种人造材料。下面论述的各种材料具有生态性和鲜明的时代特征,同时也反映出环境设计行业的一些特点。

一、常用设计材料的分类

在工业设计范畴内,材料是实现产品造型的前提和保障,是设计的物质基础。一个好的设计者必须在设计构思上针对不同的材料进行综合考虑,倘若不了解设计材料,设计只能是纸上谈兵。随着社会的发展,设计材料的种类越来越多,各种新材料层出不穷。为了更好地了解材料的全貌,可以从以下几个角度来对材料进行分类。

（一）以材料来源为依据的分类

第一类是包括木材、皮毛、石材、棉等在内的第一代天然材料,这些材料在使用时仅对其进行低度加工,而不改变其自然状态（见图 2-9）。

图 2-9　天然材料（竹、木、皮毛、石材）

第二类是包括纸、水泥、金属、陶瓷、玻璃、人造板等在内的第二代加工材料。这些也是采用天然材料,只不过是在使用的时候,会对天然材料进行不同程度的加工（见图 2-10）。

图 2-10　加工材料（金属、玻璃）

第三类是包括塑料、橡胶、纤维等在内的第三代合成材料。这些高分子合成材料是以汽油、天然气、煤等为原材料化合而成的（见图 2-11）。

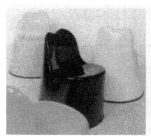

图 2-11　合成材料（塑料、橡胶）

第四类是用各种金属和非金属原材料复合而成的第四代复合材料（见图 2-12）。

图 2-12　复合材料

第五类是拥有潜在功能的高级形式的复合材料，这些材料具有一定的智能，可以随着环境条件的变化而变化。

（二）以物质结构为依据的分类

按材料的物质结构分类，可以把设计材料分为四大类，如下所示。

（三）以形态为依据的分类

设计选用材料时,为了加工与使用的方便,往往事先将材料制成一定的形态,即材形。不同的材形所表现出来的特性会有所不同,如钢丝、钢板、钢锭的特性就有较大的区别:钢丝的弹性最好,钢板次之,钢锭则几乎没有弹性;而钢锭的承载能力、抗冲击能力极强,钢板次之,钢丝则极其微弱。按材料的外观形态通常将材料抽象地划分为三大类。

1. 线状材料

线状材料即线材,通常具有很好的抗拉性能,在造型中能起到骨架的作用。设计中常用的有钢管、钢丝、铝管、金属棒、塑料管、塑料棒、木条、竹条、藤条等(见图2-13)。

图2-13　线状材料制作的椅子

2. 板状材料

板状材料即面材,通常具有较好的弹性和柔韧性,利用这一特性,可以将金属面材加工成弹簧钢板产品和冲压产品;面材也具有较好的抗拉能力,但不如线材方便和节省,因而实际中较少应用。各种材质面材之间的性能差异较大,使用时因材而异。为了满足不同功能的需要,面材可以进行复合形成复合板材,从而起到优势互补的效果。设计中所用的板材有金属板、木板、塑料板、合成板、金属网板、皮革、纺织布、玻璃板、纸板等板状材料制作的椅子如图 2-14。

图 2-14　板状材料制作的椅子

3. 块状材料

块状材料即块材,通常情况下,块材的承载能力和抗冲击能力都很强,与线材、面材相比,块材的弹性和韧性较差,但刚性却很好,且大多数块材不易受力变形,稳定性较好。块材的造型特性好,其本身可以进行切削、分割、叠加等加工。设计中常用的块材有木材、石材、泡沫塑料、混凝土、铸钢、铸铁、铸铝、油泥、石膏等。块状材料制作的椅子如图 2-15。

图 2-15　块状材料制作的椅子

二、常用的设计材料举例

（一）木材制品

木材由于其独特的性质和天然纹理,应用非常广泛。它不仅是我国具有悠久历史的传统建筑材料(如制作建筑物的木屋架、木梁、木柱、木门、窗等),也是现代建筑主要的装饰装修材料(如木地板、木制人造板、木制线条等)。

图 2-16　木材制品

木材由于树种及生长环境不同,其构造差别很大,而木材的构造也决定了木材的性质。

图 2-17　木材的构造

1. 木材的叶片与用途分类

(1)木材的叶片分类

按照叶片的不同,主要可以分为针叶树和阔叶树。

针叶树,树叶细长如针,树干通直高大,纹理顺直,表观密度和胀缩变形较小,强度较高,有较多的树脂,耐腐性较强,木质较软而易于加工,又称"软木",多为常绿树。常见的树种有红松、白松、马尾松、落叶松、杉树、柏木等,主要用于各类建筑构件、制作家具及普通胶合板等。

阔叶树,树叶宽大,树干通直部分较短,表观密度大,胀缩和翘曲变形大,材质较硬,易开裂,难加工,又称"硬木",多为落叶树。硬木常用于尺寸较小的建筑构件（如楼梯木扶手、木花格等），但由于硬木具有各种天然纹理，装饰性好，因此可以制成各种装饰贴面板和木地板。常见s的树种有樟木、榉木、胡桃木、柚木、柳桉、水曲柳及较软的桦木、椴木等。

图 2-18　针叶树林　　　　　图 2-19　阔叶树林

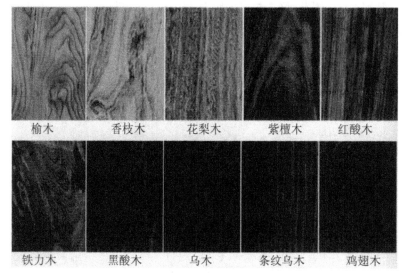

| 榆木 | 香枝木 | 花梨木 | 紫檀木 | 红酸木 |
| 铁力木 | 黑酸木 | 乌木 | 条纹乌木 | 鸡翅木 |

图 2-20　木材的纹理和色泽

（2）木材的用途分类

按加工程度和用途的不同，木材可分为原木、原条和板方材等。

原木是指树木被伐倒后，经修枝并截成规定长度的木材。

原条是指只经修枝、剥皮，没有加工造材的木材。

板方材是指按一定尺寸锯解，加工成型的板材和方材。

2. 木材的特点分析

（1）轻质高强。木材是非匀质的各向异性材料，且具有较高的顺纹抗拉、抗压和抗弯强度。我国以木材含水率为15%时的实测强度作为木材的强度。木材的表观密度与木材的含水率和孔隙率有关，木材的含水率大，表观密度大；木材的孔隙率小，则表观密度大。

（2）含水率高。当木材细胞壁内的吸附水达到饱和状态，而细胞腔与细胞间隙中无自由水时，木材的含水率称为纤维饱和点。纤维饱和点随树种的不同而不同，通常为25%～35%，平均值约为30%，它是影响木材物理性能发生变化的临界点。

（3）吸湿性强。木材中所含水分会随所处环境温度和湿度的变化而变化，潮湿的木材能在干燥环境中失去水分，同样，干燥的木材也会在潮湿环境中吸收水分，最终木材中的含水率会与周围环境空气相对湿度达到平衡，这时木材的含水率称为平衡含水率，平衡含水率会随温度和湿度的变化而变化，木材使用前必须干燥到平衡含水率。

（4）保温隔热。木材孔隙率可达50%，热导率小，具有较好的保温隔热性能。

（5）耐腐、耐久性好。木材只要长期处在通风干燥的环境中，并给予适当的维护或维修，就不会腐朽损坏，具有较好的耐久性，且不易导电。我国古建筑木结构已有几千年的历史，至今仍完好，但是如果长期处于50℃以上温度的环境，就会导致木材的强度下降。

（6）弹、韧性好。木材是天然的有机高分子材料，具有良好的抗震、抗冲击能力。

（7）装饰性好。木材天然纹理清晰，颜色各异，具有独特的装饰效果，且加工、制作、安装方便，是理想的室内装饰装修材料。

（8）湿胀干缩。木材的表观密度越大，变形越大，这是由于木材细胞壁内吸附水引起的。顺纹方向胀缩变形最小，径向较大，弦向最大。干燥木材吸湿后，将发生体积膨胀，直到含水率达到纤维饱和点为止，此后，木材含水率继续增大，也不再膨胀。木材的湿胀干缩对木材的使用有很大影响，干缩会使木结构构件产生裂缝或发生翘曲变形，湿胀则造成凸起。

（9）天然疵病。木材易被虫蛀、易燃，在干湿交替中会腐朽，因此，木材的使用范围和作用受到限制。

3.木材的处理

（1）干燥处理

为使木材在使用过程中保持其原有的尺寸和形状，避免发生变形、翘曲和开裂，并防止腐烂、虫蛀，保证正常使用，木材在加工、使用前必须进行干燥处理。

木材的干燥处理方法可根据树种、木材规格、用途和设备条件选择。自然干燥法不需要特殊设备，干燥后木材的质量较好，但干燥时间长，占用场地大，只能干到风干状态。采用人工干燥法，操作时间短，可干至窑干状态，但如干燥不当，会因收缩不匀，而引起开裂。需要注意的是，木材的锯解、加工，应在干燥之后进行。

（2）防腐和防虫处理

在建造房屋或进行建筑装饰装修时，不能使木材受潮，应使木构件处于良好的通风环境，不得将木支座节点或其他任何木构件封闭在墙内；木地板下、木护墙及木踢脚板等宜设置通风洞。

木材经防腐处理，使木材变为含毒物质，杜绝菌类、昆虫繁殖。常用的防腐、防虫剂有：水剂（硼酚合剂、铜铬合剂、铜铬砷合剂和硼酸等），油剂（混合防腐剂、强化防腐剂、林丹五氯酚合剂等），乳剂（二氯苯醚菊酯）和氟化钠沥青膏浆等。处理方法有涂刷法和浸渍法，前者施工简单，后者效果显著。

（3）防火处理

木材是易燃材料，在进行建筑装饰装修时，要对木制品进行防火处理。木材防火处理的通常做法是在木材表面涂饰防火涂料,也可把木材放入防火涂料槽内浸渍。根据胶结性质的不同,防火涂料分油质防火涂料、氯乙烯防火涂料、硅酸盐防火涂料和可赛银(酪素)防火涂料。前两种防火涂料能抗水,可用于露天结构上;后两种防火涂料抗水性差,可用于不直接受潮湿作用的木构件上。

4. 木材的选择及其在环境艺术设计中的应用

图 2-21 中的这张伴侣几是在制作茶几时,由于木材年份久远,一不小心就自然地断开了。设计师朱小杰灵感迸发,将其一高一低错开,阳在上、阴在下,半圆阴阳,取名"伴侣几"。就像一对夫妻,伴侣几的两部分你包容我,我补充你,分合随意,相濡以沫。或当茶几,或做桌子,伴侣几在平常的生活琐碎中悄悄阐述这样一个道理:爱情,就是要互相包容。去除烦琐的装饰,仅凭乌金木材质如同艺术般的年轮肌理,这款茶几就能很完整地展现大自然创造的原始、自然的美丽。

图 2-22 中使用木材组成的蛋壳概念建筑的有机外形更是让人出乎意料。设计师借助了传统船型建筑的方法——蒸汽加工,使其变软。采用了覆有亚麻籽油的木材进行防紫外线保护,如此高效益并且持久耐用的拱状建筑被永久载入史册。

图 2-21　伴侣几

图 2-22　蛋壳概念建筑

（二）石材制品

1. 石材的类别划分

（1）大理石

大理石是变质岩，具有致密的隐晶结构，硬度中等，碱性岩石。其结晶主要由云石和方解石组成，成分以碳酸钙为主（约占50％以上）。我国云南大理县以盛产大理石而驰名中外。大理石经常用于建筑物的墙面、柱面、栏杆、窗台板、服务台、楼梯踏步、电梯间、门脸等，也常常被用来制作工艺品、壁面和浮雕等。

大理石具有独特的装饰效果。品种有纯色及花斑两大系列，花斑系列为斑驳状纹理，多色泽鲜艳，材质细腻；抗压强度较高，吸水率低，不易变形；硬度中等，耐磨性好；易加工；耐久性好。

（2）花岗岩

花岗岩石材常备用作建筑物室内外饰面材料以及重要的大型建筑物基础踏步、栏杆、堤坝、桥梁、路面、街边石、城市雕塑及铭牌、纪念碑、旱冰场地面等。

花岗岩是指具有装饰效果，可以磨平、抛光的各类火成岩。花岗岩具有全晶质结构，材质硬，其结晶主要由石英、云母和长石组成，成分以二氧化硅为主，占65％～75％。花岗岩的耐火性比较差，而且开采困难，甚至有些花岗岩里还含有危害人体健康的放射性元素。

（3）人造石材

人造石材主要是指人工复合而成的石材，包括水泥型、复合型、烧结型、玻璃型等多种类型。

我国在20世纪70年代末开始从国外引进人造石材样品、技术资料及成套设备，80年代进入生产发展时期。目前我国人造石材有些产品质量已达到国际同类产品的水平，并广泛应用于宾馆、住宅的装饰装修工程中。

人造石材不但具有材质轻、强度高、耐污染、耐腐蚀、无色差、施工方便等优点,且因工业化生产制作,板材整体性极强,可免去翻口、磨边、开洞等再加工程序。一般适用于客厅、书房、走廊的墙面、门套或柱面装饰,还可用作工作台面及各种卫生洁具,也可加工成浮雕、工艺品、美术装潢品和陈设品等。

2. 石材的特点分析

(1)表观密度。天然石材的表观密度由其矿物质组成及致密程度决定。致密的石材,如花岗岩、大理石等,其表观密度接近于其实际密度,为 2500 ~ 3100kg/m³;而空隙率大的火山灰凝灰岩、浮石等,其表观密度为 500 ~ 1700kg/m³。

天然岩石按表观密度的大小可分为重石和轻石两大类。表观密度大于或等于 1800kg/m³ 的为重石,主要用于建筑的基础、贴面、地面、房屋外墙、桥梁;表观密度小于 1800kg/m³ 的为轻石,主要用作墙体材料,如采暖房屋外墙等。

(2)吸水性。石材的吸水性与空隙率及空隙特征有关。花岗岩的吸水率通常小于 0.5%,致密的石灰岩的吸水率可小于 1%,而多孔的贝壳石灰岩的吸水率可高达 15%。一般来说,石材的耐水性和强度很大程度上取决于石材的吸水性,这是由于石材吸水后,颗粒之间的黏结力会发生改变,岩石的结构也会因此产生变化。

(3)抗冻性。石材的抗冻性是指其抵抗冻融破坏的能力。石材的抗冻性与其吸水性密切相关,吸水率大的石材的抗冻性就比较差。吸水率小于 0.5% 的石材,则认为是抗冻性石材。

(4)抗压强度。石材的抗压强度以三个边长为 70mm 的立方体石块的抗压破坏强度的平均值表示。根据抗压强度值的大小,石材共分为九个强度等级:MU100、MU80、MU60、MU50、MU40、MU30、MU20、MU15 和 MU10。天然石材抗压强度的大小取决于岩石的矿物成分组成、结构与构造特性、胶结物质的种类及均匀性等因素。此外,荷载的方式对抗压强度的测定也有影响。

3. 石材的选择及其在环境艺术设计中的应用

（1）观察表面

受地理、环境、气候、朝向等自然条件的影响，石材的构造也不同，有些石材具有结构均匀、细腻的质感，有些石材则颗粒较粗，不同产地、不同品种的石材具有不同的质感效果，必须正确地选择适用的石材品种。

（2）鉴别声音

听石材的敲击声音是鉴别石材质量的方法之一。好的石材其敲击声清脆悦耳，若石材内部存在轻微裂隙或因风化导致颗粒间接触变松，则敲击声粗哑。

（3）注意规格尺寸

石材规格必须符合设计要求，铺贴前应认真复核石材的规格尺寸是否准确，以免造成铺贴后的图案、花纹、线条变形，影响装饰效果。

（三）塑料制品

1. 塑料制品的类别划分

（1）塑料地板

塑料地板主要有以下特性：轻质、耐磨、防滑、可自熄；回弹性好，柔软度适中，脚感舒适，耐水，易于清洁；规格多，造价低，施工方便；花色品种多，装饰性能好；可以通过彩色照相制版印刷出各种色彩丰富的图案。

（2）塑料门窗

相对于其他材质的门窗来讲，塑料门窗的绝热保温性能、气密性、水密性、隔声性、防腐性、绝缘性等更好，外观也更加美观。

图 2-23　塑料门窗

（3）塑料壁纸

塑料壁纸是以一定材料为基材，表面进行涂塑后，再经过印花、压花或发泡处理等多种工艺而制成的一种饰面装饰材料。常见的有非发泡塑料壁纸、发泡塑料壁纸、特种塑料壁纸（如耐水塑料壁纸、防霉塑料壁纸、防火塑料壁纸、防结露塑料壁纸、芳香塑料壁纸、彩砂塑料壁纸、屏蔽塑料壁纸）等。

塑料壁纸质量等级可分为优等品、一等品、合格品三个品种，且都必须符合国家关于《室内装饰装修材料壁纸中有害物质限量》强制性标准所规定的有关条款。塑料壁纸具有以下特点。

①装饰效果好。由于壁纸表面可进行印花、压花及发泡处理，能仿天然行材、木纹及锦缎，达到以假乱真的地步，并通过精心设计，印刷适合各种环境的花纹图案，几乎不受限制，色彩也可任意调配，做到自然流畅，清淡高雅。

②性能优越。根据需要可加工成难燃、隔热、吸声、防霉，且不易结露，不怕水洗，不易受机械损伤的产品。

③适合大规模生产。塑料的加工性能良好，可进行工业化连续生产。

④黏贴方便。纸基的塑料壁纸，用普通 801 胶或白乳胶即可粘贴，且透气好，可在尚未完全干燥的墙面粘贴，而不致造成起鼓、剥落。

⑤使用寿命长，易维修保养。表面可清洗，对酸碱有较强的

抵抗能力。

2. 塑料的特点分析

（1）质量较轻。塑料的密度在 0.9/cm³ ~ 2.2/cm³ 之间，平均约为钢的 1/5、铝的 1/2、混凝土的 1/3，与木材接近。因此，将塑料用于建筑工程，不仅可以减轻施工强度，而且可以降低建筑物的自重。

（2）导热性低。密实塑料的热导率一般约为金属的 1/500 ~ 1/600。泡沫塑料的热导率约为金属材料的 1/1500、混凝土的 1/40、砖的 1/20，是理想的绝热材料。

（3）比强度高。塑料及其制品轻质高强，其强度与表观密度之比（比强度）远远超过混凝土，接近甚至超过了钢材，是一种优良的轻质高强材料。

（4）稳定性好。塑料对一般的酸、碱、盐、油脂及蒸汽的作用有较高的化学稳定性。

（5）绝缘性好。塑料是良好的电绝缘体，可与橡胶、陶瓷媲美。

（6）经济性好。建筑塑料制品的价格一般较高，如塑料门窗的价格与铝合金门窗的价格相当，但由于它的节能效果高于铝合金门窗，所以无论从使用效果，还是从经济方面比较，塑料门窗均好于铝合金门窗。建筑塑料制品在安装和使用过程中，施工和维修保养费用也较低。

（7）装饰性优越。塑料表面能着色，可制成色彩鲜艳、线条清晰、光泽明亮的图案，不仅能取得大理石、花岗岩和木材表面的装饰效果，而且还可通过电镀、热压、烫金等制成各种图案和花纹，使其表面具有立体感和金属的质感。

（8）多功能性。塑料的品种多，功能各异。某些塑料的性能通过改变配方后，其性能会发生变化，即使同一制品也可具有多种功能。塑料地板不仅具有较好的装饰性，而且有一定的弹性、耐污性和隔声性。

除以上优点外，塑料还具有加工性能好，有利于建筑工业化等优良特点。但塑料自身尚存在着一些缺陷，如易燃、易老化、耐热性较差、弹性模量低、刚度差等弱点。

3.塑料的选择及其在环境艺术设计中的应用

（1）生态垃圾桶

生态垃圾桶（见图2-24）由意大利设计师劳尔·巴别利（Raul Barbieli）设计。此款垃圾桶的设计目的是制作一个清洁、小巧、有个性的、具有亲和力的产品。此款设计最引人注意的是垃圾桶的口沿,可脱卸的外沿能将薄膜垃圾袋紧紧卡住。口沿上的小垃圾桶可用来进行垃圾分类。产品采用不透明的 ABS 塑料或半透明的聚丙烯塑料经注射成型而得。产品内壁光滑易于清理,外壁具有一定的肌理效果。

（2）"LOTO"落地灯和台灯

由意大利设计师古利艾尔莫·伯奇西设计的"LOTO"灯（见图2-25）,其特别之处在于灯罩的可变结构。灯罩是由两种不同尺寸的长椭圆形聚碳酸酯塑料片与上下两个塑料套环连接而成,灯罩的形态可随着塑料套环在灯杆中的上下移动而改变。这种可变的结构是传统灯罩结构与富有想象力的灯罩结构的有机结合。

图 2-24　生态垃圾桶

图 2-25　　"LOTO"落地灯与台灯

（四）陶瓷制品

1.陶瓷砖的类别划分

（1）釉面砖

釉面砖又名"釉面内墙砖""瓷砖""瓷片""釉面陶土砖"。

釉面砖是以难熔黏土为主要原料,再加入非可塑性掺料和助熔剂,共同研磨成浆,经榨泥、烘干成为含有一定水分的坯料,并通过机器压制成薄片,然后经过烘干素烧、施釉等工序制成。釉面砖是精陶制品,吸水率较高,通常大于10%（不大于21%）的属于陶质砖。

釉面砖正面施有釉,背面呈凹凸状,釉面有白色、彩色、花色、结晶、珠光、斑纹等品种。

图 2-26　釉面砖的应用

（2）墙地砖

墙地砖以优质陶土为原料,再加入其他材料配成主料,经半干并通过机器压制成型后于1100℃左右焙烧而成。墙地砖通常指建筑物外墙贴面用砖和室内、室外地面用砖,由于这类砖通常可以墙地两用,故称为"墙地砖"。墙地砖吸水率较低,均不超过10%。墙地砖背面旱凹凸状,以增加其与水泥砂浆的黏结力。

墙地砖的表面经配料和工艺设计可制成平面、毛面、磨光面、抛光面、花纹面、仿石面、压花浮雕面、无光铀面、金属光泽面、防滑面、耐磨面等品种,图2-27为陶瓷砖装饰效果。

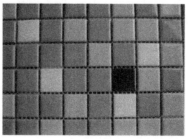

图 2-27　陶瓷砖装饰效果

2.陶瓷材料的特点分析

陶瓷材料力学性能稳定,耐高温、耐腐蚀;性脆,塑性差;热性能好,熔点高、高温强度好,是较好的绝热材料,热稳定性较低;化学性能稳定,耐酸碱侵蚀,在环境中耐大气腐蚀的能力很强;导电性变化范围大,大部分陶瓷可作绝缘材料;表面平整光滑,光泽度高。

3.陶瓷材料的选择及其在环境艺术设计中的应用

Muurbloem工作室的设计师冈尼特·史密特在欧洲陶瓷工作中心研制开发出一系列陶瓷墙体材料,使其看上去拥有一种更舒服的触觉感受。这种陶瓷材质耐高温、耐腐蚀,表面坚硬,该产品不仅是一种单一设计理念的实体转化,而且是一个产品系列,它能够依据不同工程的具体要求而制作出相适应的产品,图2-28所示为陶瓷"编织墙"。

图2-28 陶瓷"编织墙"

用设计师自己的话说:"当一座建筑物的外墙看上去好像用手工编织而成的时候,它可以创造出一种奇幻如诗般的意境,而这也正是设计想表达的。我们当然可以在'线'的颜色以及针脚的方式上开些小玩笑,譬如说将它织成一件挪威款毛衫,那样的话,我们就可以将那建筑物描述为一座穿了羊毛衫的大厦了。"

(五)玻璃制品

1.玻璃制品的类别

(1)平板玻璃

普通平板玻璃具有良好的透光透视性能,透光率达到85%

左右,紫外线透光率较低,隔声,略具保温性能,有一定机械强度,为脆性材料。主要用于房屋建筑工程,部分经加工处理制成钢化、夹层、镀膜、中空等玻璃,少量用于工艺玻璃。一般建筑采光用3～5mm厚的普通平板玻璃;玻璃幕墙、栏板、采光屋面、商店橱窗或柜台等采用5～6mm厚的钢化玻璃;公共建筑的大门则用12mm厚的钢化玻璃。

玻璃属易碎品,故通常用木箱或集装箱包装。平板玻璃在贮存、装卸和运输时,必须盖朝上、垂直立放,并需注意防潮、防水。图2-29、图2-30分别为玻璃制品和平板玻璃。

图 2-29　玻璃制品

图 2-30　平板玻璃

（2）磨砂玻璃

磨砂玻璃又称镜面玻璃（见图2-31），采用平板玻璃抛光而得，分为单面磨光和双面磨光两种。磨光玻璃表面平整光滑，有光泽，透光率达84%，物像透过玻璃不变形。磨光玻璃主要用于安装大型门窗、制作镜子等。

图2-31 磨砂玻璃

（3）钢化玻璃

将玻璃加热到一定温度后，迅速将其冷却，便形成了高强度的钢化玻璃。钢化玻璃一般具有两个方面的特点：①机械强度高，具有较好的抗冲击性，安全性能好，当玻璃破碎时，碎裂成圆钝的小碎块，不易伤人（见图2-32）；②热稳定性好，具有抗弯及耐急冷急热的性能，其最大安全工作温度可达到287.78℃。需要注意的是，钢化玻璃处理后不能切割、钻孔、磨削，边角不能碰击扳压，选用时需按实际规格尺寸或设计要求进行机械加工定制。

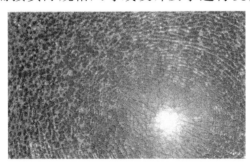

图2-32 破碎的钢化玻璃

（4）夹丝玻璃

夹丝玻璃（见图2-33）是一种将预先纺织好的钢丝网，压入经软化后的红热玻璃中制成的玻璃。夹丝玻璃的特点是安全、抗折强度高，热稳定性好。夹丝玻璃可用于各类建筑的阳台、走廊、防火门、楼梯间、采光屋面等。

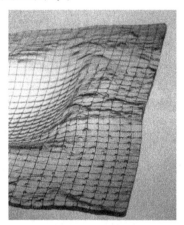

图 2-33　夹丝玻璃

（5）中空玻璃

中空玻璃（见图 2-34）按原片性能分为普通中空、吸热中空、钢化中空、夹层中空、热反射中空玻璃等。中空玻璃是由两片或多片平板玻璃沿周边隔开，并用高强度胶粘剂密封条粘接密封而成，玻璃之间充有干燥空气或惰性气体（见图 2-35）。

中空玻璃可以制成各种不同颜色或镀以不同性能的薄膜，整体拼装构件是在工厂完成的，有时在框底也可以放上钢化、压花、吸热、热反射玻璃等，颜色有无色、茶色、蓝色、灰色、紫色、金色、银色等。中空玻璃的玻璃与玻璃之间留有一定的空隙，因此具有良好的保温、隔热、隔声等性能。

（6）变色玻璃

变色玻璃有光致变色玻璃和电致变色玻璃两大类。变色玻璃能自动控制进入室内的太阳辐射能，从而降低能耗，改善室内的自然采光条件，具有防窥视、防眩光的作用。变色玻璃可用于建筑门、窗、隔断和智能化建筑。

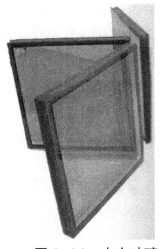

图 2-34　中空玻璃

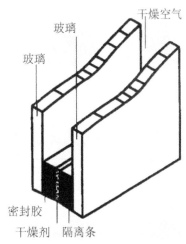

图 2-35　中空玻璃的构造

2. 玻璃的特点分析

机械强度。玻璃和陶瓷都是脆性材料。衡量制品坚固耐用的重要指标是抗张强度和抗压强度。玻璃的抗张强度较低,一般在 39 ～ 118MPa,这是由玻璃的脆性和表面微裂纹所决定的。玻璃的抗压强度平均为 589 ～ 1570MPa,约为抗张强度的 1 ～ 5 倍,因此导致玻璃制品经受不住张力作用而破裂。但是,这一特性在很多设计中却也能得到积极的利用。

硬度。硬度是指抵抗其他物体刻画或压入其表面的能力。玻璃的硬度仅次于金刚石、碳化硅等材料,比一般金属要硬,用普通刀、锯不能切割。玻璃硬度同某些冷加工工序如切割、研磨、雕刻、刻花、抛光等有密切关系。因此,设计时应根据玻璃的硬度来选择磨轮、磨料及加工方法。

光学性质。玻璃是一种高度透明的物质,光线透过越多,被吸收越少,玻璃的质量则越好。玻璃具有较大的折光性,能制成光辉夺目的优质玻璃器皿及艺术品。玻璃还具有吸收和透过紫外线、红外线,感光、变色、防辐射等一系列重要的光学性质和光学常数。

电学性质。玻璃在常温下是电的不良导体,在电子工业中作绝缘材料使用,如照明灯泡、电子管、气体放电管等。不过,随着温度上升,玻璃的导电率会迅速提高,在熔融状态下成为良导体。因此导电玻璃可用于光显示,如数字钟表及计算机的材料等。

导热性质。玻璃的导热性只有钢的1/400,一般经受不住温度的急剧变化。同时,玻璃制品越厚,承受的急变温差就越小。玻璃的热稳定性与玻璃的热膨胀系数有关。例如,石英玻璃的热膨胀系数很小,将赤热的石英玻璃投入冷水中不会发生破裂。

化学稳定性。玻璃的化学性质稳定,除氢氟酸和热磷酸外,其他任何浓度的酸都不能侵蚀玻璃。但玻璃与碱性物质长时间接触容易受腐蚀,因此玻璃长期在大气和雨水的侵蚀下,表面光泽会消失、晦暗。此外,光学玻璃仪器受周围介质作用表面也会出现雾膜或白斑。

3.玻璃的选择及其在环境艺术设计中的应用

（1）水晶之城

位于日本东京青山区的普拉达旗舰店如同巨大的水晶（见图2-36）,菱形网格玻璃组成它的表面,这些玻璃或凸或凹,透明半透明的材质与建筑物强调垂直空间的层次感呼应着营造出奇幻瑰丽的感觉。建筑表面的这种处理方式使整幢大楼通体晶莹,俨然一个巨大的展示窗,颠覆了人们对店面展示的概念。

图2-36　水晶之城

（2）巴黎卢浮宫的玻璃金字塔形

建筑大师贝聿铭采用玻璃材料，在卢浮宫的拿破仑庭院内建造了一座玻璃金字塔（见图2-37）。整个建筑极具现代感又不乏古老纯粹的神韵，完美结合了功能性与形式性的双重要素。这一建筑正如贝氏所称："它预示将来，从而使卢浮宫达到完美。"

图2-37　巴黎卢浮宫的玻璃金字塔形

（六）水泥

1. 水泥类别

水泥是一种粉末状物质，它与适量水拌和成塑性浆体后，经过一系列物理化学作用能变成坚硬的水泥石，水泥浆体不但能在空气中硬化，还能在水中硬化，故属于水硬性胶凝材料。水泥、砂子、石子加水胶结成整体，就成为坚硬的人造石材（混凝土），再加入钢筋，就成为钢筋混凝土。

水泥的品种很多，按水泥熟料矿物一般可分为硅酸盐类、铝酸盐类和硫铝酸盐类。在建筑工程中应用最广的是硅酸盐类水泥，常用的水泥品种有硅酸盐水泥、普通硅酸盐水泥、矿渣硅酸盐水泥、火山灰质硅酸盐水泥和粉煤灰硅酸盐水泥等。此外，还有一些具有特殊性能的特种水泥，如快硬硅酸盐水泥、白色硅酸盐水泥与彩色硅酸盐水泥、铝酸盐水泥、膨胀水泥、特快硬水泥等。

建筑装饰装修工程主要用的水泥品种是硅酸盐水泥、普通硅酸盐水泥、白色硅酸盐水泥。

2.水泥的选择及其在环境艺术设计中的应用

水泥作为饰面材料还需与砂子、石灰（另掺一定比例的水）等按配合比经混合拌和组成水泥砂浆或水泥混合砂浆（总称抹面砂浆），抹面砂浆包括一般抹灰和装饰抹灰。

（七）金属制品

1.金属制品类别

在设计中，常用的金属材料有钢、金、银、铜、铝、锌、钛及其合金与非金属材料组成的复合材料（包括铝塑板、彩钢夹芯板等）。金属材料可加工成板材、线材、管材、型材等多种类型以满足各种使用功能的需要。此外，金属材料还可以用作雕塑等环境装饰。

图 2-38　锻铜浮雕

2.金属材料的特点分析

金属材料不仅可以保证产品的使用功能，还可以赋予产品和环境一定的美学价值，使产品或环境呈现出现代风格的结构美、造型美和质地美。金属材料有以下几个特点：

（1）表面均有一种特有的色彩，反射能力良好，具有不透明性和金属光泽，呈现出坚硬、富丽的质感效果。

（2）具有较高的熔点、强度、刚度和韧性。

（3）具有良好的塑性成型性、铸造性、切削加工及焊接等性能，因此加工性能好。

（4）表面工艺比较好,在金属的表面即可进行各种装饰工艺,获得理想的质感。

（5）具有良好的导电性和导热性。

（6）化学性能比较活泼,因而易于氧化生锈,易被腐蚀。

3.金属材料的选择及其在环境艺术设计中的应用

（1）PH5灯具

PH5灯具(见图2-39)由丹麦设计师保罗·海宁森设计。灯具由多块遮光片组成,其制作过程是用薄铝板经冲压、钻孔、铆接、旋压等加工制成。在遮光片内侧表面喷涂白色涂料,而外侧则有规律地配以红色、蓝色和紫红色涂料。

图 2-39　PH5 灯具

（2）法国文化部的新装

法国文化部大楼用现代的新衣(见图2-40)隐藏了它过时的外表。用不锈钢条焊接而成的“网”,既呈现出光亮的外表,又可隐约显露出陈旧的外墙,当然,也显现出一点神秘的感觉。

图 2-40　法国文化部的新装

（八）石膏

石膏是一种白色粉末状的气硬性无机胶凝材料，具有孔隙率大（轻）、保温隔热、吸声防火、容易加工、装饰性好的特点，所以在室内装饰装修工程中广泛使用。常用的石膏装饰材料有石膏板、石膏浮雕和矿棉板三种。

1. 石膏板

石膏板的主要原料为建筑石膏，具有质轻、绝热、不燃、防火、防震、应用方便、调节室内湿度等特点。为了增强石膏板的抗弯强度，减小脆性，往往在制作时掺加轻质填充料，如锯末、膨胀珍珠岩、膨胀蛭石、陶粒等。在石膏中掺加适量水泥、粉煤灰、粒化高炉矿渣粉，或在石膏板表面粘贴板、塑料壁纸、铝箔等，能提高石膏板的耐水性。若用聚乙烯树脂包覆石膏板，不仅能用于室内，也能用于室外。调节石膏板厚度、孔眼大小、孔距等，能制成吸声性能良好的石膏吸声板。

以轻钢龙骨为骨架、石膏板为饰面材料的轻钢龙骨石膏板构造体系，是目前我国建筑室内轻质隔墙和吊顶制作的最常用做法。其特点是自重轻，占地面积小，增加了房间的有效使用面积，施工作业不受气候条件影响，安装简便。

2. 石膏浮雕

以石膏为基料加入玻璃纤维可加工成各种平板、小方板、墙身板、饰线、灯圈、浮雕、花角、圆柱、方柱等，用于室内装饰。其特点是能锯、钉、刨、可修补、防火、防潮、安装方便。

3. 矿棉板

矿物棉、玻璃棉是新型的是室内装饰材料，具有轻质、吸声、防火、保温、隔热、美观大方、可钉可锯、施工简便等特点。其装配化程度高，完全是干作业。常用于高级宾馆、办公室、公共场所的顶棚装饰。

矿棉装饰吸声板是以矿渣棉为主要材料,加入适量的黏结剂、防腐剂、防潮剂,经过配料、加压成形、烘干、切割、开榫、表面精加工和喷涂而制成的一种顶棚装饰材料。

矿棉吸声板的形状,主要有正方形和长方形两种,常用尺寸有 500mm×500mm、600mm×600mm 或 300mm×600mm、600mm×1200mm 等,其厚度为 9 ～ 20mm。

矿物棉装饰吸声板表面有各种色彩,花纹图案繁多,有的表面加工成树皮纹理,有的则加工成小浮雕或满天星图案,具有各种装饰效果。

第三节　环境艺术设计的思维方法

一、环境艺术设计的思维方法类型

(一)逻辑思维方法

逻辑思维也称抽象思维,是认识活动中一种运用概念、判断、推理等思维形式来对客观现实进行的概括性反映。通常所说的思维、思维能力,主要是指这种思维,这是人类所特有的最普遍的一种思维类型。逻辑思维的基本形式是概念、判断与推理。

艺术设计、环境艺术设计是艺术与科学的统一和结合,因此,必然要依靠抽象思维来进行工作,它也是设计中最为基本和普遍运用的一种思维方式。

(二)形象思维方法

形象思维,也称艺术思维,是艺术创作过程中对大量表象进行高度的分析、综合、抽象、概括,形成典型性形象的过程,是在对设计形象的客观性认识基础上,结合主观的认识和情感进行识别①所采用一定的形式、手段和工具创造和描述的设计形象,包括艺术形象和技术形象的一种基本的思维形式。

形象思维具有形象性、想象性、非逻辑性、运动性、粗略性等特征。形象性说明该思维所反映的对象是事物的形象,想象性是思维主体运用已有的形象变化为新形象的过程,非逻辑性就是思维加工过程中掺杂个人情感成分较多。在许多情况下,设计需要对设计对象的特质或属性进行分析、综合、比较,而提取其一般特性或本质属性,可以说,设计活动也是一种想象的抽象思维。但是,设计师从一种或几种形象中提炼、汲取出它们的一般特性或本质属性,再将其注入设计作品中去。

环境艺术设计是以环境的空间形态、色彩等为目的,综合考虑功能和平衡技术等方面因素的创造性计划工作,属于艺术的范畴和领域,所以,环境艺术设计中的形象思维也是至关重要的思维方式。

（三）灵感思维方法

"灵感"源于设计者知识和经验的积累,是显意识和潜意识通融交互的结晶。灵感的出现需要具备以下几个条件:

（1）对一个问题进行长时间的思考;

（2）能对各种想法、记忆、思路进行重新整合;

（3）保持高度的专注;

（4）精神处于高度兴奋状态。

环境艺术设计创造中灵感思维常带有创造性,能突破常规,带来新的从未有过的思路和想法,与创造性思维有着相当紧密的联系。

（四）创造性思维方法

创造性思维是指打破常规、具有开拓性的思维形式,创造性

---

① 包括审美判断和科学判断等。

思维是对各种思维形式的综合和运用,创造性思维的目的是对某一个问题或在某一个领域内提出新的方法、建立新的理论,或艺术中呈现新的形式等。这种"新"是对以往的思维和认识的突破,是本质的变革。创造性思维是在各种思维[①]的基础上,将各方面的知识、信息、材料加以整理、分析,并且从不同的思维角度、方位、层次上去思考,提出问题,对各种事物的本质的异同、联系等方面展开丰富的想象,最终产生一个全新的结果。创造性思维有三个基本要素:发散性、收敛性和创造性。

（五）模糊思维方法

模糊思维是指运用不确定的模糊概念,实行模糊识别及模糊控制,从而形成有价值的思维结果。模糊理论是从数学领域中发展而来的,世界的一些事物之间很难有一个确定的分界线,譬如脊椎动物与非脊椎动物、生物与非生物之间就找不到一个确切的界线。[②] 客观事物是普遍联系、相互渗透的,并且是不断变化与运动的。一个事物与另一事物之间虽有质的差异,但在一定条件下却可以相互转化,事物之间只有相对稳定而无绝对固定的边界。一切事物既有明晰性,又有模糊性;既有确定性,又有不定性。模糊理论对于环境艺术设计具有很实际的指导意义。环境的信息表达常常具有不确定性,这并不是设计师表达不清,而是一种艺术的手法。含蓄、使人联想、回味都需要一定的模糊手法,产生"非此非彼"的效果。同一个艺术对象,对不同的人会产生不同的理解和认识,这就是艺术的特点。如果能充分理解和掌握这种模糊性的本质和规律,将有助于环境艺术的创造。

---

① 如抽象思维、形象思维、灵感思维等。
② 譬如,著名的关于种子的"堆"的希腊悖论便提出了模糊思维的概念:到底多少才能成为堆呢?"界限存在哪里?能不能说 325 647 粒种子不叫一堆而 325 648 粒就构成一堆?"这说明从事物差异的一方到另一方,中间经历了一个从量变到质变的逐步过渡过程,处于中介过渡的事物往往显示出亦此亦彼的性质,这种亦此亦彼性的不确定性就是一个模糊概念。

二、环境艺术设计思维方法的应用

环境艺术设计的思维不是单一的方式，而是多种思维方式的整合。环境艺术设计的多学科交叉特征必然反映在设计的思维关系上。设计的思维除了符合思维的一般规律外，还具有其自身的一些特殊性，在设计的实践中会自然表现出来。以下结合设计来探讨一些环境艺术设计思维的特征和实践应用的问题。

（一）形象性和逻辑性有机整合

环境艺术设计以环境的形态创造为目的，如果没有形象，也就等于没有设计。思维有一定的制约性，或不自由性。形象的自由创造必须建立在环境的内在结构的合规律性和功能的合理性的基础上。因此，科学思维的逻辑性以概念、归纳、推理等对形象思维进行规范。所以，在环境艺术的设计中，形象思维和抽象思维是相辅相成的，是有机地整合，是理性和感性的统一。

（二）形象思维存在于设计，并相对地独立

环境的形态设计，包括造型、色彩、光照等都离不开形象，这些是抽象的逻辑思维方式无法完成的。设计师从开始对设计进行准备到最后设计完成的整个过程就是围绕着形象进行思考，即使在运用逻辑思维的方式解决技术与结构等问题的同时，也是结合某种形象来进行的，不是纯粹的抽象方式。譬如在考虑设计室外座椅的结构和材料以及人在使用时的各种关系和技术问题的时候，也不会脱离对座椅的造型及与整体环境的关系等视觉形态的观照。环境艺术设计无论在整体设计上，还是在局部的细节考虑上，在设计的开始一直到结束，形象思维始终占据着思维的重要位置。这是设计思维的重要特征。

（三）抽象的功能等目标最终转换成可视形象

任何设计都有目标,并带有一些相关的要求和需要解决的问题,环境艺术设计也不例外,每个项目都有确定的目标和功能。设计师在设计的过程中,也会对自己提出一系列问题和要求,这时的问题和要求往往也只是概念性质,而不是具体的形象。设计师着手了解情况、分析资料、初步设定方向和目标,提出空间整体要简洁大方、高雅、体现现代风格等具体的设计目标,这些都还处于抽象概念的阶段。只有设计师在充分理解和掌握抽象概念的基础上思考用何种空间造型、何种色彩、如何相互配置时,才紧紧地依靠形象思维的方式,最终以形象来表现对抽象概念的理解。所以,从某种意义上来说,设计过程就是一个将抽象的要求转换成一个视觉形象的过程。无论是抽象认识还是形象思考的能力,对于设计都具有极其重要的作用和意义。理解抽象思维和形象思维的关系是非常重要的。

（四）创造性是环境艺术设计的本质

设计的本质就在于创造,设计就是提出问题、解决问题且创造性地解决问题的过程,所以创造性思维在整个设计过程中总是处于活跃的状态。创造性思维是多种思维方式的综合运用,它的基本特征就是要有独特性、多向性和跨越性。创造性思维所采用的方法和获得的结果必定是独特的、新颖的。逻辑思维的直线性方式往往难以突破障碍,创造性思维的多方向和跨越特点却可以绕过或跳过一些问题的障碍,从各个方向、各个角度向目标集中。

（五）思维过程：整体—局部—整体

环境艺术设计是一门造型艺术，具有造型艺术的共同特点和规律。环境艺术设计首先是有一个整体的思考或规划，在此基础上再对各个部分或细节加以思考和处理，最后还要回到整体的统一上。

最初的整体实质上是处在模糊思维下的朦胧状态，因为这时的形象只是一个大体的印象，缺少细节，或者说是局部与细节的不确定。在一个最初的环境设想中，空间是一个大概的形象，树木、绿地、设施等的造型等都不可能是非常具体的形象，多半是带有知觉意味的"意象"，这个阶段的思考更着重于整体的结构组织和布局，以及整体形象给人的视觉反映等方面。在此阶段中，模糊思维和创造性思维是比较活跃的。随着局部的深入和对细节的刻画，下一阶段应该是非常严谨的抽象思维和形象思维在共同作用，这个阶段要解决的会有许多极为具体的技术、结构以及与此相关的造型形象问题。①

设计最终还要回到整体上来，但是这时的整体形象与最初的朦胧形象有了本质的区别，这一阶段的思维是要求在理性认识的基础上的感性处理，感性对于艺术是至关重要的，而且经过理性深化了的感性形象具有更为深层的内涵和意蕴。②

---

① 从某种意义上也可以认为，设计的最初阶段是想象的和创造性的思维，而下一阶段则是科学的逻辑思维和受制约的形象思维的结合。
② 有必要重申的是，设计工作的整个过程，尽管有整体和局部思考的不同阶段，但是都必须在整体形象的基础和前提下进行，任何时候都不能离开整体，这也是造型艺术创造的基本规律。

第三章　生态化视阈下的环境艺术设计形态及空间

人类生活环境主要的构成要素是空间和结构,它们为人的活动提供适当大小的空间环境及空间组织序列。环境艺术设计的思维因素,体现在环境艺术设计的形态要素(包括形体、色彩、材质、光影)、环境艺术设计的形式法则以及环境艺术设计的思维方法三个方面。本章将探索生态视阈下的环境空间设计相关理论。

第一节　环境艺术设计形态要素分析

一、何为形态

顾名思义,"形"意为"形体""形状""形式","态"意为"状态""仪态""神态",形态就是指事物在一定条件下的表现形式,它是因某种或某些内因而产生的一种外在的结果。

二、环境艺术设计的形态要素

(一)尺度

尺度是形式的实际量度,是它的长、宽和确定形式的比例;它的尺度则是由它的尺寸与周围其他形式的关系所决定的,如图 3-1 所示。

图 3-1　法国德方斯广场花坛尺度的变化

（二）形

人们对可见物体的形态、大小、颜色和质地、光影的视知觉是受环境影响的，在视觉环境中看到它们，能把它们从环境中分辨出来。从积累的丰富视觉经验总结出单个物体在设计上的形态要素主要有：尺度、色彩、质感和形状。

1.形体

形体是环境艺术中建构性的形态要素。任何一个物体，只要是可视的，都有形体，是我们直接建造的对象。形是以点、线、面、体、形状等基本形式出现的，并由这些要素限定着空间，决定空间的基本形式和性质，并在造型中具有普遍的意义，是形式的原发要素，如图 3-2 和图 3-3 所示。

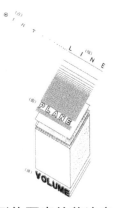

图 3-2　形体要素的普遍意义（1）

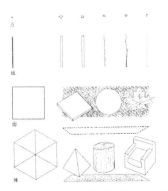

图 3-3　形体要素的普遍意义（2）

环境中的任何实体的形分解，都可以抽象概括为点、线、面、体四种基本构成要素。它们不是绝对几何意义上的概念，它们是人视觉感受中的环境的点、线、面、体，它们在造型中具有普遍的意义。

（1）点

一般而言，点是形的原生要素，因其体积小而以位置为其主要特征。点也是环境形态中最基本的要素。它相当于字母，有自己的表情。表情的作用主要应从给观者什么感受来考察。例如，排列有序的点给人以严整感；分组组合的点产生韵律感；对应布置的点产生对称与均衡感；小点环绕大点，产生重点感、引力感；大小渐变的点产生动感；无序的点产生神秘感，等等。

数量不同、位置不同的点也会带给人不同的心理感受。当单点不在面的中心时，它及其所处的范围就会活泼一些，富有动势。1983 年西柏林吕佐广场建造的一批住宅，其侧立面山墙加了一个"单点"，使无窗户的墙面变得富有生气，同时又增加了构图意味。

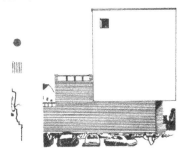

图 3-4　德国西柏林吕佐广场住宅

　　若有规律地排列点，人们会根据恒常性把它们连接形成虚的形态，如图 3-5 所示；点密集到一定程度，会形成一个和背景脱离的虚面，如图 3-6 所示；点的聚集和联合会产生一个由外轮廓构成的面，如图 3-7 所示；点的排列位置如果与人们熟悉的形态类似，人们会自动连接这些点，而一些无规律的点则保持独立性，如图 3-8 所示。

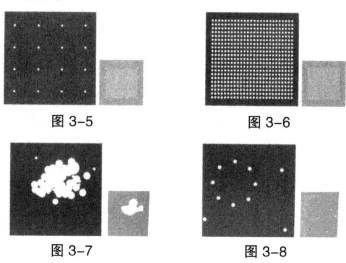

图 3-5　　　　　　　　　　　图 3-6

图 3-7　　　　　　　　　　　图 3-8

　　两点构图在环境中可以产生某种方向作用，可建立三种不同的秩序：水平、倾斜和垂直布置。两点构图可以限定出一条无形的构图主轴，也可两点连线形成空幕，如图 3-9 和图 3-10 所示。

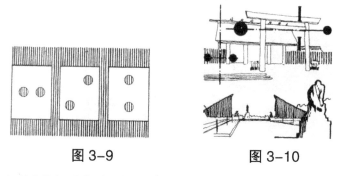

图 3-9　　　　　　　　　　　图 3-10

　　三点构图除了产生平列、直列、斜列之外，又增加了曲折与三角阵。四点构图除以上布置外，最主要的是能形成方阵构图。点的构图展开之后，铺展到更大的面所产生的感觉叫作点的面化。

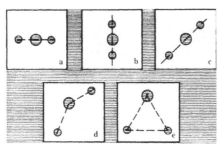 

图 3-11 　　　　　　　图 3-12

（2）线

点的线化最终变成线。线在几何上的定义是"点移动的轨迹"，面的交界与交叉处也产生线。

环境中的只要能产生线的感觉的实体，我们都可以将其归于线的范畴，这种实体是依靠其本身与周围形状的对比才能产生线的感觉。从比例上来说，线的长与宽之间的比应超过 10：1，太宽或太短就会引起面或点的感觉，图 3-13 为道路给人线条的感觉。

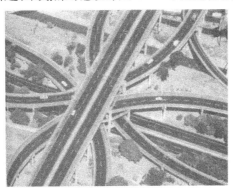

图 3-13 　道路给人线条的感觉

线条按照其给人的视觉感受可分为实际线或轮廓线和虚拟线两种。实际线，如有些线如边缘线、分界线、天际线等，可以使人产生明确而直接的视感；虚拟线，如轴线、动线、造型线、解析线、构图线等，可被认为是一种抽象理解的结果。

我们生活环境中的线条也可分为自由线形和几何线形两种。自由线形主要由环境中尤其是自然环境中的地貌（见图 3-14）树木等要素来体现。

图 3-14　地貌线条

几何线形可以分为直线和曲线两种。直线包括折线、平行线、虚线、交线，又可分为水平、垂直、倾斜三种；曲线包括弧线、旋涡线、抛物线、双曲线、圆、椭圆、任意封闭曲线。

在环境艺术设计中，不同的线形也可以产生不同的视觉观感。水平线（见图 3-15）能产生平稳、安定的横向感。

图 3-15　水平线

垂直线（见图 3-16）由重力传递线所规定，它使人产生力的感觉。人的视角在垂直方向比水平方向小，当垂直线较高时，人只得仰视，便产生向上、挺拔、崇高的感觉。特别是平行的一组垂直线在透视上呈束状，能强化高耸、崇高的感觉。此外，不高的众多的垂直线横向排列，由于透视关系，线条逐渐变矮变密，能产生严整、景深、节奏感。

图 3-16　垂直线

倾斜线(见图 3-17)给人的感觉则是不安定和动势感,而且多变化。它一般是由地段起伏不平、楼梯、屋面等原因造成,在设计中数量比水平、垂直线少,但更应精心考虑它的应用,而不能有意消除倾斜线。

图 3-17　倾斜线

曲线(见图 3-18)常给人带来与直线不同的感觉与联想,如抛物线流畅悦目,有速度感;旋线具有升腾感和生长感;圆弧线则规整、稳定,有向心的力量感。

图 3-18　曲线

（3）面

从几何的概念理解,面是线的展开,具有长度与宽度,但无高度,它还可以被看作是体或空间的边界面。面的表情主要由这一面内所包含的线的表情以及其轮廓线的表情所决定。

面可以分为几何面和自由面两种。环境艺术设计中的面还可以分为平面、斜面、曲面三类。

在环境空间中,平面最为常见,绝大部分的墙面、家具、小物品等的造型都是以平面为主(见图3-19)。虽然作为单独的平面其表情比较呆板、生硬、平淡无奇,但经过精心的组合与安排之后也会产生有趣的、生动的综合效果。

图3-19 平面墙壁和家具

斜面可为规整空间带来变化,给予生气。在视平线以上的斜面可带来一些亲切感;在方盒子的基础上再加上倾斜角,较小的斜面组成的空间则会加强透视感,显得更为高远;在视平面以下的斜面常常具有使用功能上较强的引导性,并具有一定动势,使空间不那么呆滞而变得流动起来(见图3-20)。

图3-20 斜面屋顶

曲面可进一步分为几何曲面和自由曲面。它可以是水平方向的(如贯通整个空间的拱形顶,见图3-21),也可以是垂直方向的(如悬挂着的帷幕、窗帘等),它们常常与曲线联系在一起起作用,共同为空间带来变化。曲面内侧的区域感比较明显,人可以有较强的安定感;而在曲面外侧的人更多地感到它对空间和视线的引导性。

图3-21 曲面拱桥

（4）体

体是面的平移或线的旋转的轨迹,有长度、宽度和高度三个量度,它是三维的、有实感的形体。体一般具有重量感、稳定感与空间感。

环境艺术设计中经常采用的体可分为几何形体与自由形体两大类。较为规则的几何形体有直线形体和曲线形体、中空形体三种,直线形体以立方体为代表,具有朴实、大方、坚实、稳重的性格,如图3-22所示;曲线形体,以球体为代表,具有柔和、饱满、丰富、动态之感,如图3-23所示;中空形体,以中空圆柱、圆锥体为代表,锥体的表情挺拔、坚实、性格向上而稳重,具有安全感、权威性,如图3-24所示。

图3-22 立方体建筑

图 3-23　球形雕塑　　　图 3-24　圆柱形建筑

较为随意的自由形体则以自然、仿自然的风景要素的形体为代表,岩石坚硬骨感,树木柔和,皆具质朴之美,如图 3-25 中的鸟巢。

图 3-25　鸟巢

环境造型往往并不是单一的简单形体,而是有很多组合和排列方式。形体组合主要有四种方式。

其一,分离组合。这种组合按点的构成来组成,较为常用的有辐射式排列、二元式多中心排列、散点布置、节律性排列、脉络状网状布置等。形成成组、对称、堆积等特征。

其二,拼联组合。将不同的形体按不同的方式拼合在一起。

其三,咬接构成。将两体量的交接部分有机重叠。

其四,插入连接体。有的形体不便于咬接,此时可在物体之间置入一个连接体。

2. 形状

形状是形式的主要可辨认形态,是一种形式的表面和外轮廓的特定造型,见图 3-26。

图 3-26　形状突出对于设计的强化

以上是单个物体的主要形态要素,但就环境艺术这一关于空间的艺术而言,从整体的角度来看,环境艺术设计的形态要素的范畴更为广博,它包含形体、材质、色彩、光影四个方面。

（三）色

1. 色彩

色彩是形式表面的色相、明度和色调彩度,是与周围环境区别最清楚的一个属性。并且,它也影响到形式的视觉重量,如图3-27所示。

图 3-27　室内环境中色彩的运用

色彩是环境艺术设计中最为生动、活跃的因素，能造成特殊的心理效应。

（1）色彩三要素

色相、明度和纯度是色彩的三要素。

色相是色彩的表象特征，通俗地讲就是色彩的相貌，也可以说是区别色彩用的名称。通俗一点讲，所谓色相，是指能够比较确切地表示某种颜色的色别名称，用来称谓对在可视光线中能辨别的每种波长范围的视觉反应。色相是有彩色的最重要特征，它是由色彩的物理性能决定的，由于光的波长不同，特定波长的色光就会显示特定的色彩感觉，在三棱镜的折射下，色彩的这种特性会以一种有序排列的方式体现出来，人们根据其中的规律性，制定出色彩体系。色相是色彩体系的基础，也是我们认识各种色彩的基础，有人称其为"色名"，是我们在语言上认识色彩的基础。

明度是指色彩的明暗差别。不同色相的颜色，有不同的明度，黄色明度高，紫色明度低。同一色相也有深浅变化，如柠檬黄比橘黄的明度高，粉绿比翠绿的明度高，朱红比深红的明度高，等等。在无彩色中，明度最高的色为白色，明度最低的色为黑色，中间存在一个从亮到暗的灰色系列。在有彩色中，任何一种纯度色都有着自己的明度特征。例如，黄色为明度最高的色，处于光谱的中心位置，紫色是明度最低的色，处于光谱的边缘。

纯度又称饱和度，是指色彩鲜艳的程度。纯度的高低决定了色彩包含标准色成分的多少。在自然界，不同的光色、空气、距离等因素，都会影响到色彩的纯度。比如，近的物体色彩纯度高，远的物体色彩纯度低，近的树木的叶子色彩是鲜艳的绿，而远的则变成灰绿或蓝灰等。

（2）色彩的情感效应

色彩的情感效应及所代表的颜色见表3-1。

表 3-1 色彩的情感效应

色彩情感	产生原理	代表颜色
冷暖感	冷暖感本来是属于触感的感觉,然而即使不去用手触摸而只是用眼也会感到暖和冷,这是由一定的生理反应和生活经验的积累共同作用而产生的。 色彩冷暖的成因作为人类的感温器官,皮肤上广泛地分布着温点与冷点,当外界高于皮肤温度的刺激作用于皮肤时,经温点的接受最终形成热感,反之形成冷感	暖色,如紫红、红、橙、黄、黄绿; 冷色,如绿、蓝绿、蓝、紫
轻重感	轻重感是物体质量作用于人类皮肤和运动器官而产生的压力和张力所形成的知觉	明度、彩度高的暖色(白、黄等),给人以轻的感觉,明度、彩度低的冷色(黑、紫等),给人以重的感觉。 按由轻到重的顺序排列为:白、黄、橙、红、中灰、绿、蓝、紫、黑
软硬感	色彩的明度决定了色彩的软硬感。它和色彩的轻重感也有着直接的关系	明度较高、彩度较低、轻而有膨胀感的暖色显得柔软。 明度低、彩度高、重而有收缩感的冷色显得坚硬
欢快和忧郁感	色彩能够影响人的情绪,形成色彩的明快与忧郁感,也称色彩的积极与消极感	高明度、高纯度的色彩比较明快、活泼,而低明度、低纯度的色彩则较为消沉、忧郁。无彩色中黑色性格消极,白色性格明快,灰色适中,较为平和
舒适与疲劳感	色彩的舒适与疲劳感实际上是色彩刺激视觉生理和心理的综合反应	暖色容易使人感到疲劳和烦躁不安;容易使人感到沉重、阴森、忧郁;清淡明快的色调能给人以轻松愉快的感觉
兴奋与沉静感	色相的冷暖决定了色彩的兴奋与沉静,暖色能够促进我们全身机能、脉搏增加和促进内分泌的作用;冷色系则给人以沉静感	彩度高的红、橙、黄等鲜亮的颜色给人以兴奋感;蓝绿、蓝、蓝紫等明度和彩度低的深暗的颜色给人以沉静感
清洁与污浊感	有的色彩令人感觉干净、清爽,而有的浊色,常会使人感到藏有污垢	清洁感的颜色如明亮的白色、浅蓝、浅绿、浅黄等;污浊的颜色如深灰或深褐

（3）色彩、基调、色块的分布以及色系

为一个室内空间制定色彩方案时,必须细心考虑将要设定的色彩、基调以及色块的分布。方案不仅应满足空间的目的和应用,还要顾及其建筑的个性。

色系相当于一本"配色词典",能够为设计师提供几乎全部可识别的图标。由于色彩在色系中是按照一定的秩序排列、组织,因此,它还可以帮助设计师在使用和管理中提高效率。然而,色系只提供了色彩物理性质的研究结果,真正运用到实际设计中,还需要考虑到色彩的生理和心理作用以及文化的因素。

2.光

环境艺术设计中的形体、色彩、质感表现都离不开光的作用。光自身也富有美感,具有装饰作用。这里谈到的"光"的概念不是物理意义上的光现象,而是主要指美学意义上的光现象。光在环境艺术设计中有以下三个方面的作用。

（1）作为照明的光

对于环境艺术设计而言,光的最基本作用就是照明。适度的光照是人们进行正常工作、学习和生活所必不可少的条件,因此在设计中对于自然采光和人工照明的问题应给予充分的考虑。

环境中照明的方式有泛光照明(指使用投光器映照环境的空间界面,使其亮度大于周围环境的亮度。这种方式能塑造空间,使空间富有立体感)、灯具照明(一般使用白炽灯、镝灯,也可以使用色灯)、透射照明(指利用室内照明和一些发光体的特殊处理,光透过门、窗、洞口照亮室外空间)。

在使用光进行照明时,需要考虑以下因素:①空间环境因素,包括空间的位置,空间各构成要素的形状、质感、色彩、位置关系等;②物理因素,包括光的波长和颜色,受照空间的形状和大小,空间表面的反射系数、平均照度等;③生理因素,包括视觉工作、视觉功效、视觉疲劳、眩光等;④心理因素,包括照明的方向性、明与暗、静与动、视觉感受、照明构图与色彩效果等;⑤经济

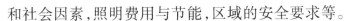

和社会因素,照明费用与节能,区域的安全要求等。

（2）作为造型的光

光不仅可用于照明,它还可以作为一种辅助装饰形与色的造型手段来创造更美好的环境,光能修饰形与色,将本来简单的造型与色彩变得丰富,并在很大程度上影响和改变人对形与色的视觉感受;它还能赋予空间以生命力(如同灵魂附着于肉体),创造各种环境气氛等。环境实体所产生的庄重感、典雅感、雕塑感,使人们注意到光影效果的重要。环境中实体部件的立体感、相互的空间关系是由其整体形状、造型特点、表面质感与肌理决定的,如果没有光的参与,这些都无从实现。

（3）作为装饰的光

光除了对形体、质感的辅助表现外,其自身还具有装饰作用。不同种类、照度、位置的光有不同的表情,光和影也可以构成很优美的并且非常含蓄的构图,创造出不同情调的气氛。这种被光"装饰"了的空间,环境不再单调无味,而且充满梦幻的意境,令人回味无穷。在舞台美术中,打在舞台上的各种形状、颜色的灯光是很好的装饰造型元素。

与"见光不见灯"相反的是"见灯不见光"的灯的本身的装饰作用,将光源布置在合适的位置,即使不开灯,灯具的造型也是一种装饰。

（四）质感

质感是形式的表面特征。材质影响到形式表面的触点和反射光线的特性,如图3-28所示。

通常所说的质感,就是由材料肌理及材料色彩等材料性质与人们日常经验相吻合而产生的材质感受。肌理就是指材料表面因内部组织结构而形成的有序或无序的纹理,其中包含对材料本身经再加工形成的图案及纹理。

图 3-28 材质带来的新颖感受

每种材料都有其特质，不同的肌理产生不同的质感，表达着不同的表情。生土建筑有着质朴、简约之感；粗糙的毛石墙面有着自然、原始的力量感；钢结构框架给人坚实、精确、刚正的现代感；光洁的玻璃幕墙与清水混凝土的表面一般令人感到冰冷、生硬而缺乏人情味，强调模板痕迹的混凝土表面则有人工赋予的粗野、雕塑感的新特性；皮毛或针织地毯具有温暖、雍容华贵的性格；木地板有温馨、舒适之感；磨光花岗岩地面则具有豪华、坚固、严肃的表情。

材质在审美过程中主要表现为肌理美，是环境艺术设计重要的表现性形态要素。在人们与环境的接触中，肌理起到给人各种心理上和精神上引导和暗示的作用。

材料的质感综合表现为其特有的色彩光泽、形态、纹理、冷暖、粗细、软硬和透明度等诸多因素上，从而使材质各具特点，变化无穷。可归纳为：粗糙与光滑、粗犷与细腻、深厚与单薄、坚硬与柔软、透明与不透明等基本感觉。材质的特性有以下几个方面：

第一，质地分触觉质感[①]和视觉质感[②]两种类型。

第二，材质不仅给我们以肌理上的美感，还能在空间上得以运用，营造出空间的伸缩、扩展的心理感受，并能配合创作的意图

---

① 触觉质感是真实的，在触摸时可以感觉出来。

② 视觉质感是眼睛看到的，所有触觉质感也均给人以视觉质感。一方面视觉质感可能是真实的，另一方面视觉质感可能是一种错觉。

营造某种主题。质地是材料的一种固有本性,我们可用它来点缀、装修,并给空间赋予内涵。

第三,材质包括天然材质和人工材质两大类。①

第四,尺度大小、视距远近和光照,在我们对质地的感觉上都是重要的影响因素。

第五,光照影响着我们对质地的感受,反过来,光线也受到它所照亮的质地的影响。当直射光斜射到有实在质地的表面上时,会提高它的视觉质感。漫射光线则会减弱这种实在的质地,甚至会模糊掉它的三维结构。

另外,图案和纹理是与材质密切关联的要素,我们可以视为材质的邻近要素。图案的特性有:①是一种表面上的点缀性或装饰性设计;②图案总是在重复一个设计的主题图形,图案的重复性也带给被装饰表面一种质地感;③图案可以是构造性的或是装饰性的。构造性的图案是材料的内在本性以及由制造加工方法、生产工艺和装配组合的结果。装饰性图案则是在构造性过程完成后再加上去的。

（五）嗅觉

环境中的嗅觉主要是指草木芬芳,还有,比如在海边的时候,味觉能感受到海水的淡淡的咸味等。在中国古典园林中,植物的香景一直备受人们青睐。在欧洲,我们从柏拉图的谈话中也找到了希腊民主制度下的公共花园,市民们在树荫下,泉水与精致的小路旁,后来又有了大片绿地。人嗅着草的气息,呼吸着新鲜的空气进行散步、锻炼、游憩、韵心等活动。所以,我们在进行公园与广场的环境艺术设计时,尽量远离污染源、清除污染源,并且最大限度地消解具体环境使用后产生死水、卫生死角的可能性,也要充分考虑到环境的维护措施。

---

① 天然材质包括石材、木材、天然纤维材料等;人工材质包括金属、玻璃、石膏、水泥、塑料等。

另外,在室内环境中,特别是大型公共空间如大型商场,设计中要充分解决好自然通风、散热等问题。尽量采用环保型材料,减少有害性气体的挥发。使人们更好地从事上班、上学、休憩、购物、候车、散步、锻炼、游戏、交谈、交往、娱乐等活动。

(六)声音

声学设计的基本作用是提高音质质量、减少噪声的影响。众所周知,声音源自物体的振动。声波入射到环境构件(如墙、板等)时,声能的一部分被反射,一部分穿过构件,还有一部分转化为其他形式的能量(如热能)而被构件吸收。因此,要减少噪声,设计师必须了解声音的物理性质和各种建筑材料的隔声、吸声特性,才能有效地控制声环境质量。

要创造音质优美的环境,取决于三个方面。第一,适度、清晰的声音;第二,吸声程度不同的材料与结构(控制声音反射量大小、方向、分布、清除回声与降低噪声);第三,空间的容积与形状。

第二节　环境艺术设计空间的尺度

一、空间尺度概述

空间尺度包含两方面的内容:一方面是指空间中的客观自然尺度,这涉及客观、技术、功能等要素;另一方面是主观精神尺度,涉及主观、心理、审美等要素。人的视觉、心理和审美决定的尺度是比较主观的,是一个相对的尺度概念,但是也有比较与比例关系(见图 3-29、图 3-30)。

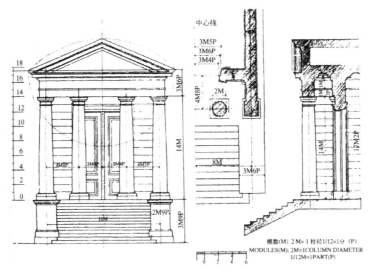

图 3-29 由人的视觉、心理和审美决定的尺度

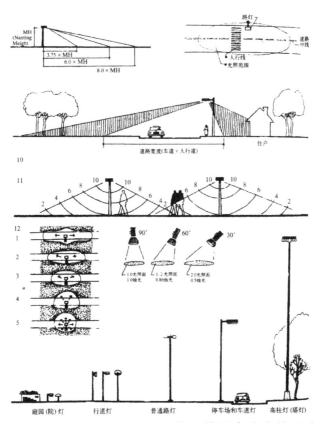

图 3-30 由生理及行为、技术等因素决定的尺度

毋庸置疑,其中大多数人遵循的是习惯、共同的尺度,但由于设计本身是自由的,个人的经验与技法不尽相同。每个设计师对尺度也有不同的理解。

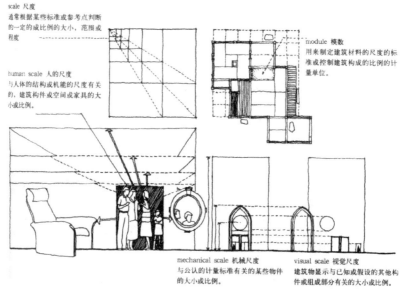

图 3-31　不同的尺度内涵

二、尺寸与尺度

(一)尺寸

尺寸是空间的真实大小的度量,尺寸是按照一定的物理规则严格界定的。用以客观描述周围世界在几何概念上量的关系的概念,有基本单位,是绝对的一种量的概念,不具有评价特征,在空间尺度中,大量的空间要素由于自然规律、使用功能等因素,在尺寸上有严格的限定,如人体的尺寸、家具的尺寸、人所使用的设备机具的尺寸等,还有很多涉及空间环境的物理量的尺寸,如声学、光学、热等问题,都会根据所要达到的功能目的,对人造的空间环境提出特定的尺寸要求。这些尺寸是相对固定的,不会随着人的心理感受而变化。最常见的尺寸数据是人体尺寸、家具与建筑构件的尺寸(见图 3-32)。

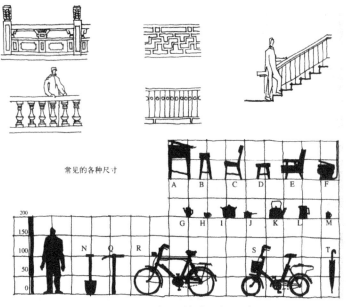

图 3-32　常见的各种尺寸

　　尺寸是尺度的基础,尺度在某种意义上说实际上是长期应用的习惯尺寸的心理积淀,尺寸反映了客观规律,尺度是对习惯尺寸的认可。

(二)尺度

　　尺度是衡量环境空间形体最重要的方面,如果不一致就失掉了应有的尺度感,会产生对本来应有大小的错误判断。经验丰富的设计师也难免在尺度处理上出现失误。问题是人们很难准确地判断空间体量的真实大小,事实上,我们对于空间的各个实际的度量的感知,都不可能是准确无误的。透视和距离引起的失真,文化渊源等都会影响我们的感知,因此要用完全客观精确的方式来控制和预知我们的感觉,绝非易事。空间形式度量的细微差别特别难以辨明,空间显出的特征——很长、很短、粗壮或者矮短,这完全取决于我们的视点,这种特征主要来源于我们对它们的感知,而不是精确的科学。

　　一个四棱锥可以是小到镇纸,大到金字塔之间的任何物体;一个球形,可以是显微镜下的单细胞动物,可以是网球,也可以是1939年纽约世界博览会的圆球。它们说明不了本身的尺寸问题。要体现尺度的第一原则是,把某个单位引入设计中去,使之产生尺度。这个引入单位的作用,就好像一个可见的尺杆,它的尺寸人们可以简易、自然和本能地判断出来(见图3-33)。

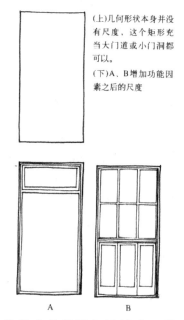

(上)几何形状本身并没有尺度,这个矩形充当大门道或小门洞都可以。

(下)A、B增加功能因素之后的尺度

图3-33　将某个单位引入设计中,使之产生尺度

　　这些已知大小的单位称为尺度给予要素,分为两大类:一类是人体本身;另一类是某些空间构件要素——空间环境中的一些构件如栏杆、扶手、台阶、坐凳等,它们的尺寸和特征是人们凭经验获得并十分熟悉的。由于功能要求,尺寸比较确定,因而能帮助我们判断周围要素的大小,有助于正确地显示出空间整体的尺度感。往往会运用它们作为已知大小的要素,当作度量的标准。像住宅的窗户、大门能使人们想象出房子的大小,有多少层。楼梯和栏杆可以帮助人们去度量一个空间的尺度。正因为这些要素为人们所熟悉,因此可以用它们有意识地改变一个空间的尺寸感(见图3-34)。

引入了人作为单位使不同的门产生尺度感　　　　用同一比例尺绘制的各种不同形式的窗

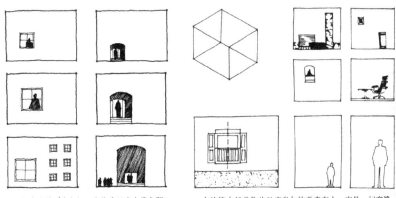

已知大小的要素如门、窗作为尺度变量参照　　　在建筑中经常作为尺度参加的要素有人、家具、门窗等。

图 3-34　空间尺寸感的改变

（三）比例

比例主要表现为一部分对另一部分或对整体在量度上的比较、长短、高低、宽窄、适当或协调的关系,一般不涉及具体的尺寸。由于建筑材料的性质,结构功能以及建造过程的原因,空间形式的比例不得不受到一定的约束。即使这样,设计师仍然期望通过控制空间的形式和比例,把环境空间建造成人们预期的结果。

在为空间的尺寸提供美学理论基础方面,比例系统的地位领先功能和技术因素。通过各个局部归属与一个比例谱系的方法,比例系统可以使空间构图中的众多要素具有视觉统一性。它能使空间序列具有秩序感,加强连续性,还能在室内室外要素中建立起某种联系。

在建筑和它的各个局部,当发现所有主要尺寸中间都有相同的比时,好的比例就产生了。这是指要素之间的比例。但在建筑中比例的含义问题还不局限于这些,还有纯粹要素自身的比例问题,如门窗、房间的长宽之比。有关绝对美的比例的研究主要就集中在这方面。

和谐的比例可以引发人们的美感,公元前 6 世纪古希腊的毕达哥拉斯学派认为万物最基本的元素是数,数的原则统治着宇宙中一切现象。该学派运用这种观点研究美学问题,探求数量比例与美的关系,并提出了著名的"黄金分割"理论,提出在组合要素之间及整体与局部间无不保持着某种比例的制约关系,任何要素超出了和谐的限度,就会导致整体比例的失调。历史上对于什么样的比例关系能产生和谐并产生美感有许多不同的理论。比例系统多种多样,但它们的基本原则和价值是一致的(见图 3-35)。

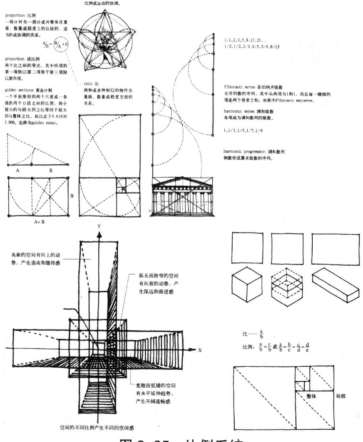

图 3-35　比例系统

（四）对比

对比就是指两个对立的差异要素放在一起。它可以借助互相烘托陪衬求得变化。对比关系通过强调各设计元素之间色调、色彩、色相、亮度、形体、体量、线条、方向、数量、排列、位置、形态等方面的差异，起到使景色生动、活泼、突出主题，让人看到此景表现出热烈、兴奋、奔放的感受。

具体来说，它包括形体的对比、色彩的对比、虚实的对比、明暗的对比和动静的对比。

（五）微差

微差是借助彼此之间的细微变化和连续性来求得协调。微差的积累可以使景物逐渐变化，或升高、壮大、浓重而不感到生硬。

环境艺术设计中的园林设计，经常会因为没有对比会产生单调，当然，过多对比又会造成杂乱，只有把对比和微差巧妙地结合，才能达到既富有变化又协调一致的效果。

三、与环境设计有关的空间尺度

（一）人体尺度

以人体与建筑之间的关系比例为基准来研究与人体尺寸和比例有关的环境要素和空间尺寸，称之为"人体尺度"。研究人体尺度要求空间环境在尺度因素方面要综合考虑适应人的生理及心理因素，这是空间尺度问题的核心。

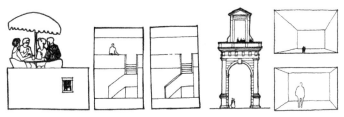

图3-36 人体尺度

（二）结构尺度

除人体尺度因素之外因素统称为"结构尺度"。结构尺度是设计师创造空间尺度需要考虑的重要内容之一。如果结构尺度超出常规（人们习以为常的大小），就会造成错觉。

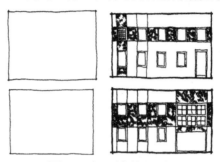

图 3-37　结构尺度

利用人体尺度和结构尺度，可以帮助我们判断周围要素的大小，正确显示出空间整体的尺度感，也可以有意识地利用它来改变一个空间的尺寸感。

a.不同尺度的门

b.利用槛墙显示建筑物尺度

c.北京火车站立面设计的尺度处理

图 3-38　利用人体尺度改变周围要素大小

通过栏杆、踏步等不变要素往往可以显示出正常的尺度感，这些要素在建筑中所占的比重愈大，其作用就愈显著。例如近代的住宅或旅馆建筑往往就是通过回廊、阳台的处理而使建筑获得正常的尺度感。

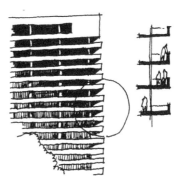

通过挑台以显示其整体的尺度感。

1.通过栏杆这种常见的、具有确定高度的要素与其他部分相对比而有效地显示出整体的尺度。

门本来是一种可变的要素，但在近代建筑中出于功能的考虑一般设计的很小巧，在这种情况下也可以通过它来显示整体的尺度。

2.中国古典园林建筑所采用的"小式做法"往往通过瓦、栏杆等要素与整体的比给人以亲切的尺度感。

家具和室内的许多功能性的细部也是可以显示尺度的要素。

阳台作为要素来显示建筑的尺度。

图 3-39 用结构要素来改变周围要素大小

第三节 环境艺术设计空间的组织探微

一、建筑内部空间组织

（一）线式空间组织

线式空间组织的特征是"长"，因此它表达了一种方向性，具有运动、延伸、增长的意义。为使延伸感得到限制，线式空间形态组合可终止于一个主导的空间或形式，或者终止于一个经特别设计的清楚标明的空间，也可与其他的空间组织形态或者场地、地形融为一体。

（二）集中式空间组织

集中式空间组织主要是以一个空间母体为主结构，一些次要空间围绕展开而组成的空间组织。集中式空间组织作为一种理想的空间模式，具有表现神圣或崇高场所精神和表现具有纪念意义的人物或事件的特点特征。其主空间的形式作为观赏的主体，要求有几何的规划性、位置集中的形式，如圆形、方形或多角形。因为它的集中性，这些形式具有强烈的向心性。主空间作为周围环境中的一个独立单体，或空间中的控制点，在一定范围内占据中心地位。

古罗马和伊斯兰的建筑师最早应用集中式空间组织方式建造教堂、清真寺建筑，而到了近现代，集中式空间组织的运用主要表现在公共建筑内部空间中的共享大厅的设计上。以美国建筑师波特曼为首的一些建筑师通过大型酒店和办公建筑中的共享空间的设计，将集中式空间形态的发展推向一个新的阶段。

近代共享空间最大的特点是从感官角度唤起了人们的空间幻想，它以一种夸张的方式，将人们放置在建筑舞台的中心。它鼓励人们参与活动,进行交流互动,在空间中穿行,享受室内大自然(光线、植物、流水),享受社交生活。共享空间的出现和发展对于那些千篇一律的、沉闷的内部空间和缺少形态的外部空间,无疑提供了一种视觉上的清新剂。

共享空间的出现为城市公共空间的振兴提供了一种方式,它表述了一种广受欢迎的、大众化城市和较少清教徒气息的建筑空间语言。其中心思想非常贴近中国的"天人合一"理想。

共享空间的表现形式大多应用在城市大型公共建筑中设置的中庭空间——一种全天候公众聚集的空间。在这个空间中,内庭院及其周围空间之间相互影响,俯瞰中庭的空间能够透光,但避风、雨、烈日和变幻的气候,大的通透与微妙的遮蔽在起着作用。

通常围绕在共享空间周围的空间多是功能空间,如酒店的客房,大型公共商厦的办公室等。

(三)放射式空间组织

正如集中式空间组织一样,放射式空间组织方式的中央空间一般也是规则形式,以中央空间为核心向各个方向扩展。

(四)组团式空间组织

组团式空间形态中,在对称及有轴线的情况下,可用于加强和统一组团式空间组织的各个局部,来加强或表达某一空间或空间组群的重要意义。

(五)"浮雕式"空间组织

"浮雕式"空间组织是指在建筑内部空间组织中的几种十分具有特点的形态结构。它们的共同点是尺度精致且具浮雕感。

二、建筑外部空间组织

（一）中心式空间组织

中心式空间组织，即建筑外部空间主体轮廓长短轴之比小于4：1，是集中紧凑的空间组织形态，其中包括若干子类型，如方形、圆形、扇形等。这种类型是建筑外部空间形态中最常见的形式，空间的特点是以同心圆式同时向四周扩延。活动中心多处于平面几何中心附近，空间构筑物的高度往往变化不突出和比较平缓、区内道路网为较规整的格网状。这种空间组织形态从艺术设计角度上易突出重点，形成中心，从功能上便于集中设置市政基础设施，合理有效地利用土地，也容易组织区域内的交通系统。

（二）放射式空间组织

放射式空间组织主要表现为：建筑外部空间组织总平面的主体团块有三个以上明确的发展方向，即指状、星状、花状等子型。这些形态大多使用于地形较平坦，而对外交通便利的地形地势上。

（三）带状或流线式空间组织

带状或流线式空间组织主要表现为：建筑外部空间主体组织形态的长短轴之比大于4：1，并明显呈单向或双向发展，其子型具有U形、S形等。这些建筑外部空间组织往往受自然条件所限，或完全适应和依赖区域主要交通干线而形成，呈长条带状发展，有的沿着湖海水平的一侧或江河两岸延伸，有的因地处山谷狭长地形或不断沿道路干线一个轴向的长向扩展景观领域。这种形态的规模一般不会很大，整体上使空间形态的各部分均能接近周围自然生态环境，平面布局和交通流向组织也较单一。

（四）自由散点式空间组织

这种组织形式没有明确的总体团块，各个基本团块在几个区域内呈散点状分布。这种形态往往是在地形复杂的山地丘陵或广阔平原地带，也有的是由若干相距较远的独立发展区域组合成为一个较大的空间地域。

（五）星座式或组团式空间组织

这种组织形式的总平面是由一个颇具规模的主体团块和三个以上较次一级的基本团块组成的复合形态。这种组织整体空间结构形似大型星座，除了具有非常集中的中心区域外，往往为了扩散功能而设置若干副中心或分区中心。联系这些中心及对外交通的环形和放射道路网，使其成为较复杂的综合式多元结构。依靠道路网间隔地串联一系列空间区域，形成放射性走廊或更大型空间组群。

组团式形态是指由于地域内河流、水面或其他地形等自然环境条件的影响，使建筑外部空间形态被分隔成几个有一定规模的分区团块，有各自的中心和道路系统，团块之间有一定的空间距离，但由较便捷的联系性通道使之组成一个空间实体。星座式空间形态与组团式空间形态有类似的地方，亦有差异性。

（六）棋盘格式空间组织

常见的棋盘格式空间组织是以道路网格为骨架的建筑外部空间布局组织方式，这种空间布局组织方式早在公元前2000多年埃及的卡洪城、美索不达米亚的许多城市规划中已经应用，并在重建希波战争中被毁的许多城市中付诸实践，形成体系。这种组织模式的创始人，可以追溯到公元前5世纪希腊建筑师希波丹姆，希波丹姆在规划设计中遵循古希腊哲理，探求几何图像和数的和谐，以取得秩序和美。

第四章 城市规划与生态环境设计

生态环境设计是城市规划中的重要部分,本章从城市规划角度着手,论述城市规划的要素与城市生态、城市绿地在中国的发展及其国际视野,以及城市生态与绿地系统的功能作用。

第一节 城市规划的要素与城市生态

一、城市规划的要素

（一）人口要素

人口和社会要素对城市规划的各种需求测定非常重要。人口预测可以用来测算居住用地、公共事业用地以及零售业用地的需求；就业岗位预测可以用来测算包括商业在内的各种经济部门的用地需求。居住、商业、行政办公以及工业用地的需求又是计算交通和其他基础设施用地需求的基础,所以说,人口和社会预测在很大程度上决定了城市发展对土地、基础设施、城镇设施和城镇服务设施的需求。此外,它们也构成城市发展对自然资源需求的基础,是造成环境压力的根源。

人口要素对于城市规划的影响体现在规模、结构和空间分布上。

（1）人口规模是决定未来城镇化发展的最基本标杆,是估算未来居住、零售、办公空间需求,同时也是工业生产空间需求以及城镇设施空间需求,甚至一些类型的开放空间（如公园）需求的基础。

（2）人口结构同样具有高度的相关性。这里的结构指的是整体规模中特定组群的比重。人口结构可以按照年龄、性别、家庭类型（如单身、有子女）、种族／文化、社会经济水平以及健康状况等进行分组。年龄对规划师而言可能是在城市规划中需要考虑的最重要的一个因素，因为它们隐含了服务的需求，如儿童对学校的需求、老人对健康设施和特殊住宅的需求。与土地使用规划中的一般研究相比，人口结构的预测与评估需要更详细的分析。人口结构的变化源自人口老龄化以及人口迁移、成活率和出生率在不同人群中的差异。所以，需要对这些变化的成分进行模拟，使土地使用规划可以反映城乡人口中诸多不同群体的需求。

（3）人口分布是评价公共服务设施的配置、工作地点、商业以及其他设施可达性的必要依据。与此同时，它还可用来揭示城乡面临的各种问题（如防洪等）并区分对不同人群的影响。可以说，空间分析是运用土地使用模型对人口统计和经济模型所预测的人口及就业增长在空间上的分布进行研究。然而在编制城市规划时，应把未来人口的水平与结构作为输入项，通过规划在空间上进行分配，而不是仅仅进行空间分布的推测。

城市规划作为一种公共政策，其根本目的在于实现社会公共利益的最大化。因此，社会要素对于城市规划最本质的影响，在于城市发展中多方利益的互动和协调，以此保障社会公平，推动社会整体生活品质的提高。

（二）经济要素

1.城市的经济特征分析

"城市"作为对象物看似明了，却十分难以定义。这是由于，城市中不仅包含了经济活动，也包含了政治、社会、文化等各种活动，它是人类各种活动的复杂有机体。从经济产业角度看，城市有着区别于乡村的三个方面的特征。

（1）城市是人口和经济活动的高度密集区，在城市建成区的相对较小的面积里集聚了大量人口和经济活动，且其人口密度和经济活动密度要高于周边其他地区。这是从小城镇到大城市等不同规模的城市有别于乡村的本质属性和特征。

（2）城市以农业剩余为存在前提，以第二产业和第三产业为发展基础，虽然城市最初的产生也有宗教、军事、管制等因素，但自工业革命以来，第二产业和第三产业已经成了大部分城市存在和发展的最主要驱动力。

（3）城市是专业化分工网络的市场交易中心，经济分工除了存在于城市内部之外，还发生在城乡之间及城市之间。大量厂商和居民集中在城市内，通过分工协作而生产产品或提供服务；在换取农民种植的粮食的同时，更多的是城市内和城市间的相互交换。

2. 城市的空间范围分析

在行政意义上有"建制市"和"建制镇"，但从经济角度方面来分析，一个城市的影响力并不局限于其行政边界内。行政边界只是基于历史渊源、文化习俗以及行政管理的需要而划定的空间范围。在现实中，为了方便，往往将行政边界作为城市的空间界限，如人口、土地、国内生产总值等均以行政边界为统计单元。并且，由于城市经济辐射能力会随着自身的产业波动而发生动态调整，现实中对城市"经济区"的界定是有一定难度的。但辨识"经济区"与"行政区"这两个不同概念，对于理解区域之中的"城市"和"城镇体系"是十分必要的。

3. 城市和经济的关系

城市和经济有着三个方面的关系：城市是经济发展的载体、城市的发展离不开经济、把握城市发展需要了解经济活动、城市规划机制与市场失灵有关。

（1）城市是经济发展的载体。在现代社会,经济变迁对城市开发、城市增长以及生产空间变化等方面的兴衰起着举足轻重的作用。城市是国民经济增长的根源所在。对于一个大国而言,如果没有工业化和城市化,没有城市的增长,没有朝气蓬勃的城市,想要得到长足发展几乎是不可能的事,也难以跨入高收入国家之列。国家日益繁盛,经济活动也就日趋集中到城市和大都市区域里。鉴于城镇化所伴随的经济活动的密度增加与农业经济向工业经济、再向后工业经济的转变密切相关,城镇化的推进在所难免。

（2）城市发展离不开经济增长。城市经济增长可以从多个方面来衡量:首先,可以用地区生产总值(GDP)来衡量;其次,增长也反映在城市平均工资的增长或人均收入的增长上;最后,经济增长也表现在城市总就业人数的增长和福利水平的提高上。除此之外,传统的、非地理意义上的经济增长来源主要包括:资本构成深化、人力资本增长和技术流程。

（3）城市规划机制与市场失灵有关。一般认为,市场机制是社会资源配置的最具效率的机制,所以市场机制要在资源配置中起基础性作用。但不完善的市场及现实中的多种因素均会导致市场失灵。市场失灵证实了包括城市规划在内的公共政策干预的必要性。

市场运行的基本机制是竞争,但由于垄断行为存在,竞争会失效。造成垄断行为的原因,包括规模经济造成的自然垄断,或者政策管制引起的垄断。自然垄断一般情况下指的是"企业生产的规模经济需要在一个很大的产量范围和相应的巨大的资本设备的生产运行水平上才能得到充分的体现,以至于整个行业的产量由一个企业来生产"。所以在成熟的市场经济体中,政府对一些具有自然垄断特征的经济部门和行业均会施以一定的管制措施。

4. 全球化背景下的城市与产业发展

（1）经济空间组织的模式转型分析

经济全球化与全球城市跨国界的经济活动由来已久,包括资本、劳动力、货物、原材料、旅行者的活动等因素。随着全球化的深入，越来越多的国家和地区融入全球市场中。全球化对城市产生了很多深远的影响，最为显著的是导致了全球城市的出现，公认的中心有纽约、伦敦和东京。

全球生产网络全球化是一个过程，在这一过程中，跨国公司在生产领域和市场领域的运作日益以全球尺度来整合，致使产品在多个区位由多个不同地方的零部件制造厂所生产。除此之外，尽管产品（如汽车）需要考虑当地市场的状况，但仍有可分享的共同要素（如发动机和脚踏板），这样就可通过规模经济而减少成本。

（2）生产组织的产业集群发展趋势探究

被广泛认知的企业区位选择的行为特征是，绝大多数的行业活动在空间上都趋向于产业集聚。诸如工业园、小城镇或者大城市等形式的产业集聚证明了这一特征是存在的，同时，许多生产和商业活动都出现在这些行业活动的紧密相邻区。在这些事实的基础上，我们需要思考为什么这些经济活动会在地理位置上趋于集中。然而，并不是所有的经济活动都发生在同一个地区，有些经济活动分散在广阔的区域里，这些企业通常要远距离运输它们的产品。尽管如此，普遍的观察依然认为经济活动在空间上趋于集聚。根据迈克尔·波特（1998）的定义，产业集群的含义指的是在某特定领域中，一群在地理上邻近、有交互关联性的企业和相关法人机构，以彼此的共通性和互补性相联结的一种创新协作网络。

（三）城市历史要素

历史学是一门关于人类发展的科学，是对人类已掌握的自然知识与社会知识的总和进行记录、归纳和研究的学问。其主要任务包括三个方面：记述与编纂（文献、分类与年代记）；考证与诠释（传统文字、实物的考察方法，结合运用当代的科技手段）；评估与设想（对已经实践过的部分进行综合或跨学科的研究，并在吸取经验教训的基础上提出创新思维的未来构想）等。而城市史的研究只是其中的一个专业门类。

近年来，随着中国学术界对研究领域的清晰划分和研究内容的不断深化，历史地理学、古都学和城市史学已经逐渐发展为城市史研究中的核心组成。当然，再进一步划分，还可以有城市规划史、城市社会史、城市建筑史、城市人口史等研究领域。简而言之，城市历史是以一个城市、区域城市、城市群、城市类型为对象，包含了它们的结构和功能，城市作用、地位和发展过程，各城市之间、城乡之间的关系及变化以及城市发展的规律等。

1. 城市历史研究的内容

每一个专业都有比较明确的研究边界，包括与之相关的延伸领域。就城市史而言，其研究范围并不局限在城市的地域之内。从广义的角度来说，城市历史在纵向上主要表现为城市形成、发展、脉络的阶段性，比如原始社会、农业社会、工业社会、后工业社会中的城市形态和发展状况及其历史特点；横向上与城市环境、城市生活、城市人口、城市阶级和阶层等内容相联系。从城市规划的角度出发，城市历史的研究主要有以下几个方面的内容。

（1）城市的起源与发展机制问题。城市起源与城市形态因不同的地质地貌、文化背景、时代变迁而大不相同，对早期城市的继承和创新又依赖于某种独特的发展机制，与物理环境、政治环境、经济、宗教、社会等各种因素密切相关。所以说，这一方面的研究会涉及多元文化或地域文化的问题，包括城市的空间位置和形态（肌理）改变、城市发展的内外动力、更大范围内政治、经济、自然环境变化的影响等。

（2）城市发展过程中的社会问题。每个国家的城市都存在社会构成（身份制度、阶层、阶级）和社会活动的问题（政治活动、经济活动、宗教活动），同时由于城市所处的空间位置和时代节点有所变化；在历史过程中形成的城市制度、法规、习俗（比如古代和中世纪欧洲的法体系、法家族等）又有非常复杂的背景和动因，这些都反作用于城市的尺度、空间结构、人口规模、政治取向及经济特色等。从古代、中世纪到现代的城市规划思想的变迁，也与城市的社会发展、城市的权利分布、城市的经济基础等有一定的关系。

（3）城市体系与城市文化特征问题。除了最远古的时代之外，城市文明从来都不是独立存在的。不同地域、不同国家的城市通过文化辐射、殖民扩张、地域联盟、国家的统一或分裂等进行交流，包括经济贸易、科学技术、建筑风格、制度法规、生活形态等，并在一定时空范围内形成某种城市体系（如汉帝国的城市体系、欧洲中世纪的汉萨同盟、苏联时代的社会主义城市体系）等。这些时代或者空间范围内的城市，由于它们所具备的独特的文化现象而格外引起史学研究者的关注。

（4）城市历史遗产保护问题。顾名思义，城市历史遗产保护首先就是要对某个历史阶段内城市空间、城市建筑、街道肌理或社会活动进行界定，然后才能划分保护的范围和内容（如上海市在国家级、市级文物之外指定的优秀近代建筑保护），所以这个门类的研究离不开城市史的基础知识。

当然，还有一些共同的历史学研究方法，比如对史料的筛选与鉴别，提出疑问并进行假设，建立合乎逻辑的推理模型，最终通过综合学科的考证，寻求客观的解答等。因此，要切忌对手头上的一些有限资料进行夸大或断章取义，包括城市的地理位置、建筑规模、人口结构、经济特点等，并用以作为当前规划的依据。

2. 东西方城市历史的差异研究

城市的形成与发展都因其所处的时代和地理位置而表现出其自身鲜明的个性。从大的方面来看，世界范围内各大文化圈（儒教文化圈、阿拉伯文化圈、西方发达工业国文化圈等）是包容这些城市个性的基础平台，地理环境因素、宗教民族因素、社会结构因素、城市文明之间的冲突与融合因素等，又是这些文化圈的内在构成。城市本身又是一个历史的积累，有着其最初的源头，而研究城市历史绝不能脱离其本源。今天世界各国的城市发展都与当地最早形成的哲学思想体系有着密切的关系。所以说,以中国为代表的东方城市和以希腊为代表的西方城市之间有很多的差异。

（1）古代中国的哲学思想与城市发展

培育古代中国哲学的基础是大农业社会,因此,哲学研究的对象与自然、包括季节与土地有着割不断的关联,当然,更重要的还是人类自身的生存活动原理。概括而言,古代中国哲学的研究范畴包括四个方面。

"天",对天象与人类社会的认知和解释,所以既是物质的,也是精神的。

"道",按照宇宙运行的规律制定的人为准则与最高社会行动规范。

"气",本指一种自然存在的极细微的物质,是宇宙万物的本原。对气的研究在一定程度上就是探知自然界物质的形态与结构,特别是运用于医学领域,与城市建设的风水观也有一定的联系。

"数",研究自然万物与人文社会的规律,并把社会等级、文化价值的概念渗透其中,既有唯物的观点,也有唯心的成分,后来还发展了"理"等,主要研究物类形体之间彼此不同的形式与性质,以及内在的运行规律。

虽然古代中国的哲学思想主要与天文、历法相关,并直接和农业生产及万物更新相结合,但作为一种精神文化的产物,它的形象必然会直接反映在城市这个物质的载体之上（比如关系到城市建设的天人合一、阴阳八卦、堪舆风水理论）等。另外,"数"直接用于卦象、计算、组合与建筑的规则制定,"气"则力求探索城市发展的内在规律,并结合了化学、物理、医学、人文等各个领域的成果,带动了古代的社会进步（如四大发明、《天工开物》《本草纲目》《营造法式》等）,也促进了城市的繁荣与发展。

由于古代中国的文明以高度发达的农耕经济为基础,并以强大的集权制度统一了黄河、长江流域的广大地区,不仅创造出独特的社会制度和法律,在科学技术的发展方面也攀登上当时世界的顶峰。而这一切成就的集大成之作,就是古代中国的城市,其中既体现了典型的东方宇宙观(天圆地方:人法地、地法天、天法道、道法自然),又表现出极强的社会等级观念(为政之道,以礼为先:遵循礼制的城市空间、建筑规格、排列与形态),还有中国特有的华夷世界划分标准,即所有城市的尺度、建筑形态都取决于其在华夷秩序(《礼记王制》:"东曰夷、西曰戎、南曰蛮、北曰狄")和五服文化圈(《禹贡》与《国语・周语》)中的位置。

古人观测天象,由于北半球的星座都围绕着北极星而转动,所以认为北极星为天极和天帝的居所,代表至高无上的权威;其星微紫,所以紫色也代表了最神圣的地方(如故宫称为紫禁城)。而与天对应的是人工建筑的城市,遵循天圆地方的概念,一般规划为方形或长方形,其中南北轴线的北端与北极星相呼应,是为尊位,也就是皇宫和官衙的所在地;随后按照礼的秩序来确定不同等级和不同功能的城市建筑及设施的位置。而城市的大小和建筑的规格,甚至包括色彩与材料,又必须根据五服的概念来确定。这样,一个尊卑有序、符合天意的城市规划理论便诞生了。

（2）古代西方的哲学思想与城市发展

古希腊人也非常注重观察自然,并热心于对世界本源的探索,但和古代中国相比较而言,希腊哲学中蕴藏着更多的科学成分,因此在很多方面为现代科学与现代哲学奠定了基础。对此,恩格斯曾经说过,希腊人对世界总的认识和描述都是比较正确的,也有一定的深度。当然,不能排除他们在思维方面的缺陷。

古希腊人的宇宙观和古代中国的不同,他们认为,地球是宇宙的中心,是永远静止不动的,太阳、月亮、各种行星和恒星在天球上都是围绕着地球在运转。亚里士多德的哲学思想就支持这样的地心说,他把这种不变和永恒视为最高的价值体现。这样的思想最终也反映在城市的规划和建设当中(柏拉图的《理想国》、亚里士多德的《政治学》、小国寡民与乌托邦等)。

与此同时,通过对自然万象的观察和总结,古希腊人把物体的形状和大小抽象为一种空间形象,即无论是什么样的质量、重量或者材料,古希腊人只关注它的"空间形象",或者说是几何特征,从而形成了"几何空间"和"几何图形"的概念。所以说,把数学和哲学实现完美的结合是古希腊人的重要贡献,数学不仅是哲学家进行思维和创造的工具,也是追求真理的手段和方式,而几何学尤其被认为代表着美的本质。

独特的地理环境会孕育出独特的城市形态。希腊半岛被山峦和海湾分割成很多狭小的地块,海岸线破碎陡峭,几乎没有大片的平原,极不利于政治上的统一,所以没有形成东方国家那样的集权政府。这样的地理环境造就了希腊人独特的意识形态,他们本身的生产力相对落后,但面对的是大海,海外有早已存在的高度发达的东方城市文明,又有爱琴海(克里特岛)这样的跳板,所以,在这样的地理环境中,希腊人的知识摄取源是非常丰富的。他们的城市与东方截然不同:由于相对稳定的奴隶制度,古希腊人能相对地安心于自足的生活,加之人口流动的缓慢,于是便形成了以城邦为中心的、比较强烈的共同体概念。城邦很好地利用了崎岖破碎的海岸线,也为古希腊城市保护神的出现创造了条件(卫城及神庙的建设);除此之外,还培育了尊重市民权利和私有财产的传统,以及对小国寡民的城邦模式和贵族化的民主制度的推崇。

在城市建设方面,古希腊人提倡合理主义,即遵从自然规律与理性(阳光、和平、健康),强调人本主义思想;城市的形态不一定公式化,但一定要体现出和谐与美感,要给市民带来精神上的抚慰与幸福感。古希腊城市外在表现及内涵可以用一个直观的公式来表达:

哲学思想 + 几何与数学 + 城市的公共空间(文化核心)

希腊城市的空间形态与构成要素主要有:符合人的尺度的建筑形态,截然划分的公共空间与私密空间,前者如广场、圣殿、卫城、街道、元老院等。民主政治与城市的文化核心就是广场,这个传统被后来的罗马人所继承并一直延续到今天。罗马人在希腊城市的基础上继续发展，并做出了更加卓越的贡献，加入了许多新的设计元素，如引水渠、公共浴室、公共娱乐场（角斗场和剧院）等城市基础设施以及连接城市的道路体系和罗马法等。

到了希腊化时代，帝国的概念打破了小城邦的封闭意识，形成规模更大、集权力量更强大的城市，并且把这种模式推广到古代的地中海世界及东方各国。这个时代城市的规划尤其注重人的要素，它的历史非常悠久，渊源则可追溯到希波达姆斯。

3. 以城市历史为基础的规划分析内容

探讨城市历史对城市规划的影响涉及方方面面，最直接的规划手段反映在城市历史文化遗产保护规划和城市复兴的过程中，其基本方法包括历史文化名城的保护规划、历史文化街区保护规划和历史建筑的保护利用等。

除此以外，基于城市历史的规划研究是城市规划的编制基础，对于正确指导一座城市的发展建设具有举足轻重的作用。城市历史对城市规划的影响，是以规划师和决策者建立起对城市结构和功能发展演变的认识为基本内容的。在对城市历史环境条件的分析中，规划师和决策者需同时关注城市发展演变的自然条件和历史背景，以及在此基础上形成的城市空间格局和文化遗产。

具体可采用的工作方法包括：历史与文献资料研究、历史资源调查、自然资源调查和面向市民的社会调查等多个方面。

（四）城市文化要素

1. 城市文化结构

作为人类文明的结晶，城市是人类文化的物质载体。根据城市文化的功能目的和实施手段，在城市规划和建设中所涉及的城市文化，也可以将其划分为物质环境、制度环境和人文环境三种类型。

（1）物质环境。城市空间布局、自然景观、建筑风格、街道肌理、城市标志物等，这些构成城市空间的各种物质元素都是可直接观察到和触摸到的部分。城市文化的物质载体是一种物化手段，具有多重意义，它既为人类的行为活动提供物质支撑，又影响和制约着人类在城市空间的行为活动。

（2）制度环境。各种法律法规，比如城乡规划法、土地管理法、文物保护法等各种城市规划建设法律法规，地方性的城市管理规章制度以及城市规划中制定的相关实施政策等。制度环境是在人文环境指导下建立的、用来约束人类行为的保障体系。制度环境的目的是促进物质环境和人文环境有序和稳定地发展。它是城市文化中的一种隐性手段。

（3）人文环境。主要围绕着人展开，包括个人自身的基本活动、社会活动（人与人之间的关系）、精神活动（人的价值观念和思想意识）三个方面。人的基本活动是围绕生产与生活方式展开的，包括衣食住行的各个方面；社会关系则包括显性和隐性两部分：显性的如各种公共社区活动，从属团体的社群活动等；隐性的如家庭／家族关系、政治倾向和阶层分化等，这些是需要分析研究才能了解的；精神活动包括道德观念、思想意识、宗教信仰、职业伦理等。这些属于城市文化的主体和功能目标系统。行为活动是人的基本需求和存在方式，与物质环境有着密切的联系，同时也不能没有制度环境的保障和约束，因而是物质和制度环境建设的直接目的。

人文环境处于城市文化中的支配地位，物质环境和制度环境的建设的根本目的是满足人文环境的功能目的而实施的手段和途径。但物质环境和制度环境的建成往往不能随着人文环境的变化而变化，有一定的滞后性，其结果就对人文环境形成一定的制约和影响。我们常说，城市空间是人类精神的物质产物，是人类行为的空间载体，并为人类的行为活动提供物质的支撑。但从另一个角度看，城市空间往往是影响和制约人们行为活动的关键所在。由于城市空间具有其自身的特殊性，即一旦形成，在很长的时间内将难以改变,因此对规划师而言,就必须全面和细致地研究物质环境对人的行为活动、特别是对城市的人文精神所产生的长期而深刻的影响。总之,综上所述,上述的三者之间是相辅相成、相互制约、并行不悖的,城市文化的最终使命是达到物质、制度、人文共同协调的可持续发展。

2. 城市文化对城市规划的意义

（1）传统文化对城市规划的意义。城市的传统价值取向可体现在城市的形态与规模方面,城市形态在特定的历史时期受到神人关系、君民关系的影响,同时也受到城市经济,特别是工商业结构的影响。例如,中国古代城市受到儒家思想和礼制的影响,产生了以《周礼·考工记》为代表的规划思想;受佛教文化的影响,南北朝时期在城市内兴建了大量的寺庙;而历代都城的选址大都受到风水理论的影响等。

不同的城市文化也体现在不同的城市性质中,反映在城市规划上则表现为城市性质与城市功能布局方面的不同,如宗教城市、政治城市、商业城市、自治城市等,都在形态上有所区别。

（2）历史变革期的城市文化对城市规划的意义。在城市文化历史变革期,城市文化思潮对城市规划往往具有较大的冲击力。例如,文艺复兴时期的城市文化对当时的欧洲城市建设产生了极其重要的影响。公元1452年,建筑师列昂·巴蒂斯塔·阿尔伯蒂的建筑理论专著《论建筑》继承了古罗马建筑师马可·维特鲁威的思想理论,对当时流行的古典建筑比例、柱式以及城市规划理论和经验作了科学的总结。他主张首先应从城市的环境因素来合理地考虑城市的选址和造型。公元1464年,佛罗伦萨建筑师费拉锐特在他的著作《理想的城市》中向众人展示出一个理想城市的设计方案,打破了中世纪城市以宗教建筑为中心的沉疴,大型世俗性公共建筑如市政厅、广场等占据了城市的中心地带,给城市的人文景观带来了根本性的变化。文艺复兴时期建造的理想城市虽然凤毛麟角,但对当时整个欧洲的城市规划具有深远的影响,许多具有军事防御意义的城市都采用了这种模式。

文艺复兴时期还诞生了城市规划的概念,但是受到政治及思想观念的影响,当时的城市仍强调"封闭"的特征,随后巴洛克风格的城市则更加"外向"。巴洛克城市首次被看作一个空间的系统,用透视法展现城市,把城市作为君权的象征。这样的风格始于罗马,如通往教堂的大轴线的运用,用来强调教堂的重要地位,典型的例子就是罗马圣彼得大教堂广场、波波洛广场等。之后在17世纪的沃·勒·维康府邸、凡尔赛宫乃至巴黎城市广场的设计中大量运用,其中凡尔赛宫最为典型。巴洛克的城市建设从其形式上来看,是当时欧洲宫廷中形成的戏剧性场面和仪式的缩影和化身,实际上是宫廷显贵生活方式和姿态的集中展示。

（3）当代城市文化对城市规划的意义。在当代城市规划实践中,城市文化通过塑造城市规划决策者的意识形态来影响城市规划方案的编制,除此之外,还通过制约城市规划决策制度的法理基础,直接干预规划方案的选择,包括城市总体格局、城市肌理、城市形象和建设效果等,两方面共同作用最终确定城市规划方案。

3. 以城市文化为基础的规划设计方法

研究城市文化不是孤立的、抽象的概念,它必须以城市的各项建设为基础,通过空间的变化来培育和实现。建筑、桥梁、道路都是城市文化的载体,所以,在规划时只有用城市文化之"神"来塑造城市之"形",才能使城市的"形"处处折射出城市文化的精神与内涵。城市规划的不同阶段对城市空间的影响是不一样的,而且是分层次的。

（五）信息要素

1. 地理信息系统分析

地理信息系统（geographic information system, GIS）最初是以计算机处理地理信息的综合技术出现的。GIS 系统可以将城市的空间数据实现数字化，从而建立包含城市经济、社会、环境等各种属性的模型，为研究城市不同系统的空间规律和空间影响提供了有力的武器。GIS 还提供了一项直观的观察工具，使原本复杂的空间规律变成可以向不同人群展示的图形，大大加强了城市规划的沟通与展示能力。GIS 系统的查询功能更为规划管理提供了方便的检索空间数据和规划信息工具，有效地加强了城市规划管理工作的效率。地理信息系统有着三方面的功能：描述功能、分析功能和查询功能。

2. 互联网技术探索

互联网已经越来越成为规划师、政府、投资商和公众获取各种数据、交流规划信息的重要工具。通过互联网，公共信息能够在不同时间、不同地点被快速传递和广泛传播，也使得城市规划编制的过程变得更为公开化和透明化。

（1）数据的获取

在今天的城市规划编制过程中，互联网络是规划师获取信息的重要来源之一。相当多的规划所需基础资料都可以通过互联网方便地获取，如城市概况、统计数据、卫星影像、市民所关心的热点、相关城市的发展案例等。例如，以谷歌（Google）为代表，将 GIS、遥感影像和互联网相结合，不仅能向公众提供城市、乡村的平面图、地图、影像图，还可提供三维地形、建筑物，当然也被规划师所使用。

（2）信息的发布

互联网络还是规划方案、管理规则、办事流程发布的重要窗口。市民可以通过相关网站查询城市和所关心地区的规划情况，了解城市规划的相关动态。投资商和开发商可以随时查询法定规划、指导性文件，帮助投资决策。

（3）沟通与交流

随着城市规划透明度的增强和公众参与程度的提升，互联网络还是社会各界就城市规划展开沟通与交流的重要平台。在规划编制过程中，通过互联网征求各方意见，就特定规划议题开展讨论,是方便、快捷和透明的交流工具。通过互联网,规划机构还可以回答公众提问,如办事程序、审批手续,对规划方案或法律、法规进行解释,强化政府与民众之间的良性互动关系。公众还可以监督城市建设活动,举报违法建设,提高城市规划管理工作的效能。

（4）网络化与网络协作

网络化办公是提高政府绩效的有效途径。通过网络,建设开发可以在线办理各类建设申请,如上传申请、待批材料等。下载审批结果,规划管理人员可以远程办案,大大节约了时间和人员成本,提高了办事效率。

现代城市规划已经是一个越来越注重写作的过程,包括不同规划设计机构之间的协作,也包括城市规划过程中不同领域专家之间的相互沟通协调过程,这些传统上耗费大量人力、物力、财力的过程通过互联网络能方便地完成。

二、城市生态

（一）生态与环境的相关问题

生态与环境要素,首先要明确四个方面的问题:自然与人类文明、人口与资源、资源与环境以及城市化后的资源与环境。

1. 自然与人类文明问题

不同的历史阶段,人与自然的关系经历了不同的历史演变过程。人类社会作为自然界的一个生物种群,在自然的发展演化过程中不断地进行着自身的组织结构的发展演化,从而不断地适应和利用自然。城市的出现就是这些自然发展演化的重要结果之一。

在原始社会,人类崇拜和依附自然。农业文明时期,人类敬畏和利用自然进行生产。在工业文明后,人类对自然的控制和支配能力急剧增强,自我意识极度膨胀,不顾及与自然的和谐相处,开始一味地对自然强取豪夺，从而激化了与自然的矛盾，加剧了与自然的对立，结果使人类不得不面对资源匮乏、能源短缺、环境污染、气候变化、森林锐减、水土流失、物种减少等严峻的全球性环境问题和生态危机。

经历了近200年的工业文明后，人类积累和创造了农业文明无法比拟的财富，开发和占用自然资源的能力大大提高，人与自然的关系从根本上出现了颠倒，人确立了对自然的主体性地位，而自然则降低为被认识、被改造，甚至被征服和被掠夺的无生命客体的对象。

2. 人口与资源问题

（1）人口与资源的关系

人类的生存和发展离不开资源。近200年来，随着生产力的提高、近代医疗保健的进步和基本生活资料的不断丰富，人口数量和平均期望寿命明显增长，1930年全球人口为29亿，1960年为30亿，1987年突破50亿大关，截至现在已达60多亿。世界人口总量不断增加，生活水平不断提高，人类对资源的开发利用强度越来越高，这些都造成了资源的短缺与环境破坏。人口增长对资源和环境具有深刻的影响，成为环境问题的核心，与永续发展息息相关。

人口增长使得人类对能源的需求量迅速增加。能源是指人类取得"能量"的来源，尚未开发出的能源应被称作为资源，不属于能源的范畴，能源的稀缺性是由于资源的有限性导致的。尽管人类已发现的矿物有3300多种，而当前人类大量使用的能源主要是不可再生的化石燃料，如煤炭、石油和天然气等。考虑到科学、技术和市场因素，尽管人类用能效率不断提高，但能源消耗总量仍然呈增长趋势，目前已探明的石油储量只可供人类使用30年，天然气可用70年。由于燃煤的效率低，所以其使用将会受到严格的限制，这些传统化石燃料的大量使用则是造成当前地球环境问题的主要原因。

（2）人口与土地资源

土地资源是生态系统中最为宝贵的资源,是人类及其他生物的栖息之地,也是人类生产活动最基本的生产资料与生活资料。随着城市面积不断扩大,耕地面积随指数递减,生态足迹严重扩展,自然生态系统的修复功能减退。同时大面积的耕作和过度放牧,造成水土流失,使全球每年损失300多公顷的土地,这种情况使得土地荒漠化成为全球最严重的环境危机之一。

（3）人口与水资源

水是生命之源。人类水资源利用主要是生产、生活和运输用水。由于降水时空分布不均,世界上有60%以上的地区缺水。随着人口的增加,城镇化的加速,淡水紧缺已成为当前世界性的生态环境问题之一,将构成社会经济发展和粮食生产的制约因素。

（4）人口与其他资源

森林和湿地是自然界发挥自净功能的重要组成部分,荒漠化带来了水资源、森林和湿地的减少,除此之外,生物多样性也遇到了严峻的挑战。人类大规模的生产和生活活动,导致了物种减少的速度加快。过去的30年间,全球的生物种类减少了35%,目前地球上可供生物生长的土地和海洋面积总共为114亿公顷,全球人均仅有1.9hm^{2}的土地或海洋可供利用。世界自然保护基金会（WWF）《地球资源状况报告》指出,目前人类对自然资源的利用超出其更新能力的20%。

3. 资源与环境

资源,一般情况下是指自然界存在的天然物质财富,或是指一种客观存在的自然物质,地球上和宇宙间一切自然物质都可称作资源,包括矿藏、地热、土壤、岩石、风雨和阳光等。广义的资源指人类生存发展和享受所需要的一切物质的和非物质的要素,而狭义的资源仅指自然资源。资源有自然资源和社会资源两种类型。其中自然资源是具有社会有效性和相对稀缺性的自然物质或自然环境的总称,包括土地资源、气候资源、水资源、生物资源、矿产资源等。社会资源是自然资源以外的其他所有资源的总称,是人类劳动的产物,包括人力、智力、信息、技术和管理等资源。

人类为生存和发展会不断地向自然界索取自己需要的东西。人类在掠夺自然资源的同时,又将生产和消费过程中产生的废弃物排放到自然环境中去,加之不可再生资源的大规模消耗,导致了自然资源的渐趋枯竭和生态环境的日益恶化,人与自然的关系完全对立起来,气候变暖、海平面上升、大气污染、臭氧层损耗、酸雨蔓延等全球性环境问题与大量开采、大量运输、大量生产、大量消费和大量废弃的资源消耗线性模式有关。

据专家预测,至21世纪中叶,全球能源消耗量将是目前水平的两倍以上。如果按照目前全球人口增长及城镇化发展的速度,以及所消耗的自然资源的速度来推算,未来人类对自然资源的"透支"程度将每年增加20%。从中我们可以推测,到21世纪中叶,人类所要消耗的资源量将是地球资源潜力的1.8 ~ 2.2倍。也就是说,到那时需要两个地球才能满足人类对于自然资源的需求。

4.城市化后的资源和环境

城市是人类文明的产物,也是人类利用和改造自然的集中体现。从18世纪的工业革命开始,大规模的集中生产和消费活动促进了人口的聚集,现代化的交通和基础设施建设加快了城镇化的进程,城市数量和规模开始出现迅速发展。

城镇化和城市人口的规模增加与资源消耗的关系十分密切。目前城市集中了全人类50%以上的人口,大量能源和资源向城镇化地区输送,城市是地球资源主要的消费地。

城镇化可以促进经济的繁荣和社会的进步。城镇化能集约地利用土地,提高能源利用效率,促进教育、就业、健康和社会各项事业的发展。除此之外,城镇化不可避免地影响了自然生态环境,造成维持自然生态系统的土地面积和天然矿产物的减少,并使之在很大区域内发生了持续的变化,甚至消失,使自然环境朝着人工环境演化,致使生物种群减少、结构单一,生物与人的生物量比值不断降低,生态平衡破坏,自然修复能力下降,生态服务功能衰退。

（二）城市生态系统

1. 生态系统与城市生态系统

生态系统即生物群落与无机环境构成的统一整体。生态系统的范围可大可小,相互交错。最大的生态系统是生物圈,地球上有生命存在的地方均属生物圈,生物的生命活动促进了能量流动和物质循环,并引起生物的生命活动发生变化。

生态系统的本质属性是开放系统,是一定空间内生物和非生物成分通过物质循环、能量流动和信息交换而相互作用和依存所构成的生态功能单位。

城市生态系统是城市居民与周围生物和非生物环境相互作用而形成的一类具有一定功能的网络结构,也是人类在改造和适应自然环境的基础上建立起来的特殊的人工生态系统,由自然系统、经济系统和社会系统复合而成。

城市生态系统主要包括自然系统、社会系统和经济系统。这三大系统之间通过高度密集的物质流、能量流和信息流相互联系,其中人类的管理和决策起着决定性的调控作用。

2. 城市生态系统的运行

城市生态系统的结构在很大程度上与自然生态系统是有差异的,这是由于除了自然系统本身的结构外,还有以人类为主体的社会、经济等方面的结构。在对城市生态系统结构研究的过程中,常常根据其系统特色划分不同领域,包括经济结构、社会结构、生物群落结构、物质空间结构等。

城市生态系统运行的功能体现在其生产、能量流动、物质循环和信息传播上。城市生态系统中的生产包括生物生产和非生物生产两类。生物生产指该生态系统中的所有生物（包括人、动物、植物、微生物）从体外环境吸收物质、能源，并将其转化为自身内能和体内有机组成部分以及繁衍后代、增加种群数量的过程。非生物生产指人类利用各种资源生产人类社会所需的各种事物，除了衣食住行所需物质产品的生产之外，还包括各种艺术、文化、精神财富的创造。城市生态系统具有强大的生产力，并以非生物性生产为主导，为人工生态系统所特有。

能量流动包括能源的来源和能源的传播。

在能量来源方面，与自然生态系统绝大部分依赖太阳辐射不同，城市生态系统的能量来源趋于多样化，有太阳能、地热能、原子能、潮汐能等多种类型。

在能量传播机制方面，自然生态系统的能量传递是自发地寓于生物体新陈代谢过程之中，而城市生态系统的能量传递大多是通过生物体外的专门渠道完成的，如输电线路、输油与供气的管网等。

物质循环。城市生态系统的物质循环主要指各项资源、产品、货物、人口、资金等在城市各个区域、系统、部门之间以及城市外部之间反复作用的过程。城市生态系统中的物质有两大来源，第一是自然来源，第二是人工来源。

信息传播。城市生态系统信息传播具有总量巨大、信息构成复杂、通过各类传递媒介进行传递并依赖辅助设施进行处理和储存、在信息传递和处理过程中存在大量信息歧义现象等特点。

（三）城市环境

城市环境由城市自然环境、城市人工环境、城市社会环境、城市经济环境和城市美学环境五个部分构成。

环境对于人类活动或自然力的作用是会有响应的，对环境施加有利的影响，在环境系统中就会产生正面的、积极的效应；反之亦然。城市环境效应是指城市人类活动给自然环境带来一定程度的积极影响和消极影响的综合效果，包括污染效应、生物效应、地学效应、资源效应、美学效应等。

规划环境影响评价对于克服建设项目环境影响评价的局限性,落实"环境保护、重在预防"的基本政策,优化城市建设规划方案,增强规划决策的科学性,强化城市规划的环境保护功能具有积极的意义。城市规划与建设项目是不同的,因而评价原则、评价内容、评价方法和评价程序等都有所不同。除此之外,城市规划环境影响评价也针对城市规划程序和工作方法带来的影响。

第二节 城市绿地在中国的发展及其国际视野

一、我国城市绿地的形成与发展

(一)我国古代城市绿地的形成与发展

我国传统文化十分讲究崇尚自然,追求天人合一的至高境界,这在传统的文化、艺术、思想领域有十分明显的表现。城市绿地建设作为园林设计当中的重要组成部分,在我国古代就得到了城市建设者的重视,几千年来留下了许多城市园林规划的成功范例。

1. 我国古代城市绿地的形成

早在奴隶社会时期的周朝,就已经有了关于城市建设方面的文字记载。《周礼·考工记》中写道:"匠人营国,方九里,旁三门,国中九经九纬,经涂九轨,左祖右社,前朝后市,市朝一夫。"这段文字虽然简短,其中却包含了城市建设中关于道路、宗庙、集市、占地面积等多方面形制的规定,对于后世的城市规划建设有深远影响。早期的城市建设对绿化的记载也有很多,《诗经·郑风》中有"无逾我园"的句子,可见当时已经开始种植树木了。《周礼·秋官·野庐氏》记载:"掌达国道路,至于四畿,比国郊及野之道路宿息井树"。《国语·周语》称:"列树以表道"。这些文字则说明了人们不仅种植树木，并且已经开始形成栽植行道树的传统。

2. 秦、魏晋时期的城市绿地

秦统一六国以后，城市建设发展得比较完备，秦朝都城咸阳将京城规划与京畿规划相结合，充分利用自然优势。咸阳城以渭水为纽带，依山傍水，散布于自然环境之中，它利用河流的分隔作用将城市分成若干功能区，而自然环境则成了它天然的城市绿地。西汉都城长安则在秦朝上林苑的基础上加以扩建苑墙的长度有130 ～ 160km，成为我国历史上最大的皇家园林。

魏晋南北朝时期的绿化已经成为城市建设的重要组成部分，并且充满奇思妙想。晋代文学家左思在《吴都赋》中写道："驰道如砥，树以青槐，亘以渌水。"这说明人们也开始重视利用水渠对种植的树木进行灌溉，较之前代又有了明显的进步。南朝的建康（今为南京）还"积石种树为山"，即已开始堆土山种树，这种景观与城市园林交相辉映，更加显示出园林的雄奇壮丽。

3. 唐宋明清时期的城市绿地发展

唐宋时期，经济繁荣发展，城市绿化得到统治者的大力支持。在唐代都城长安和宋代都城东京的街道上，广泛种植榆、槐、柳等树种，并与各种花草相间，当时的都城在世界上都极为有名。唐宋时期的许多文人墨客都对当时的市井风光进行过描写，都已传为经典，其中柳永在《望海潮》中曾写过"烟柳画桥，风帘翠幕，参差十万人家，云树绕堤沙"等名句，说明绿化对于城市景色的重要意义。另外，还有一些民间形成的著名绿化景观，宋代大文豪苏东坡在杭州任职期间，为改善居民的生活环境，曾动员民众筑堤植树，不仅使杭州环境大为改观，还形成了西湖十景中的"苏堤春晓"一景。

明清时期，在北京城市规划中，园林占有重要的地位，并且形成了城内与城外联动发展的格局。当时的北京城沿用元大都的河湖水系，以西苑为主体，结合其他大内御园、寺观、坛庙庭院，形成了一个如山林般的大自然生态环境，以满足皇家游玩的需要。

另一处集中的水体什刹海则成了内城最大的一处公共园林,依托于三个水面"前三海"——积水潭、后海和前海,它与太液池的"后三海"——北海、中海和南海连接,形成"六海",占去内城相当大的一部分面积。清初,皇家园林建设的重点逐渐转向西北郊的行宫御园和离宫御园,乾隆时期已经形成一个庞大的皇家园林集群,包括"三山五园",其中"五园"指圆明园、畅春园、香山静宜园、玉泉山静明园和万寿山清漪园,以水系为纽带,与内城的"六海"连成一体。

（二）我国近现代城市绿地的发展

我国城市公共绿地建设起步较晚,首先出现在外国租界内,是外国人建造,供外国人游览。例如,1868年上海建外滩公园(后改名为黄浦公园);1887年天津建维多利亚公园(现解放北园);1900年以后上海建虹口公园(1902年,现为鲁迅公园)、法国花园(1908年,现为复兴公园)、兆丰公园(现为中山公园),天津建俄国花园(1901年),哈尔滨建兆麟公园(1906年);1902年,北京先农坛向公众开放,1924年颐和园开放,1925年北海开放;南京把莫愁湖、白鹭洲、玄武湖整理为公园。20世纪20年代以后,杭州建湖滨公园,并把孤山整理成公园。这一时期城市绿地的发展极其缓慢,以上海为例,1949年以前,全市各种公园绿地约为89hm^2,且大部分集中于租界和上层人士聚居的住宅区,普通市民无法享用。1949年以前,北京市区公共绿地面积只有700多公顷,郑州市则一无所有。

1949年以后,以服务大众为宗旨,在借鉴苏联建设经验的基础上,我国开始了大规模的城市公共绿地建设,新建了大批公园绿地,至1980年年底,全国已有679个公园、37个动物园和135个公园中的动物展区(不包括港、澳、台地区),城市面貌大为改观。例如,北京市1977年年底,公共绿地面积达到2695.33hm^2,郑州市1975年各项绿地占市区总面积的32.4%。但部分城市仍然发展缓慢,如上海市从1949年至1978年29年间绿地年均增长约 23hm^2，1978 年人均公共绿地面积仅 0.47m^2。这一时期，城市基本采用的是一种"见缝插绿"式的绿化方式，城市绿地无论从数量上还是质量上都还处在一个较低的发展水平上。

自 1978 年开始至 20 世纪末，我国的政治经济进入了一个崭新的历史时期，城市绿地建设取得了前所未有的成就，这一时期的发展不仅速度快，并且在范围和内容上也极其广泛。

十一届三中全会以后，园林绿化重新纳入城市建设规划，并且明确提出了城市园林绿化工作的方针、任务和加速实现城市园林化的要求。此后又陆续颁布了相关法律和文件，使得园林绿化工作有章可循、有法可依。在纠正"文革"时期错误指导思想的同时，提出了注重园林基本功能发挥的思想。在北京，新建和改、扩建了众多的景点和公园，像古城公园、团结湖公园、莲花池公园、青年湖公园、玉渊潭公园等，面貌都焕然一新。同一时期还开始修建圆明园遗址公园，注重对文化古迹的保护。在广州，重点恢复充实了市区主要公园的景点和景区，如文化公园、越秀公园、流花湖公园等。

在 20 世纪 80 年代末 90 年代初，我国著名科学家钱学森多次提出"山水城市"概念，即城市建设要以中国山水诗、中国园林建筑和中国山水画中描绘的意境为发展方向，创立具有中国特色的"山水城市"，城市绿化得到空前重视，出现了许多艺术性与生态性兼顾，考虑大众使用和城市环境形象的绿化建设成果。如上海的人民广场、世纪公园、环城绿化带，北京的环城绿化带，青岛的滨海绿化带等。1992 年建设部开始实行"国家园林城市评选"，进一步推动了各地城市绿地建设，截至 2008 年，全国共命名"国家园林城市（区）"139 个，各项绿地指标得到显著提高。据统计，全国城市建成区绿化覆盖面积已达到 125 万公顷，建成区绿化覆盖率由 1981 年的 10.1% 提高到目前的 35.29%，人均公共绿地面积由 3.45m^2 提高到 8.98m^2。

20 世纪 90 年代以后，随着改革开放的不断深化，完成了从计划经济向市场经济的转轨。住房制度逐步商品化也为城市园林绿地建设注入了新的活力,房地产商充分利用园林环境带来的市场商机,注重加大项目的绿化环境投资,以此来打造自己的品牌,收益十分可观。而对于城市绿化建设来讲,这也是其中的一个重要组成部分。

（三）我国城市绿地发展的现状与趋势

1. 我国城市绿地发展的现状与思考

城市绿地的规划与发展要紧密结合社会发展的具体特点。当前,我国城市在发展的过程中出现了一系列背景问题,这既是我们应该遵循的现实情况,也是城市绿地建设中面临的挑战。具体表现为以下几点。

（1）城市化进程加快。我国社科院预计在2030年,我国城市化率将达到65%以上,城市人口达10亿人左右。如何满足城市中人民日益增长的物质文化需求,是城市建设面临的一大问题。

（2）工业化发展速度快,生态问题比较突出,人们的生活环境质量下降,城市建设必须承担起生态保护和修复的重任。

（3）由于各地经济发展状况不平衡,难以从整体上实现高投入的城市园林绿化和环境维护工程。

（4）土地资源极度紧张。这与城市人口急速膨胀又形成一大矛盾,由于建筑面积的扩大,城市绿地面积在相应地减少。

（5）自然资源有限,生物多样性保护迫在眉睫。

（6）文化认同感受到冲击,由于现代生活及现实社会问题的影响,会导致现代城市建设与传统景园文化、乡土文化及地方、民族文化产生一定的矛盾。

（7）还必须遵循人类生存环境可持续发展的要求。

2. 我国城市绿地的发展趋势

当今时代,我国的城市园林事业在社会经济建设的进程中,正处于一个蓬勃发展的局面,前景是十分令人鼓舞的。我们既要肯定已经取得的成就,更要看到城市绿地发展中存在的不足。未来的城市园林绿地建设不仅要在数量上迅猛增长,在质的方面也必须有快速的提升。首先得要解决当代社会的具体背景和问题,并且要在园林和绿地建设中有所创新。我国的城市园林和绿地建设不能墨守成规,通过与西方国家的交流和借鉴,能够取长补短,使城市规划理论进一步完善,但也要注意保持我国园林的优良传统,不可完全被西方同化。在 21 世纪发展的今天,我国的城市园林绿地建设要向科学、生态、和谐的方向发展,这也必然导致一些新的特点的出现(见表 4-1)。

表 4-1　城市园林绿地的发展趋势

趋势	特点
更加注重实用功能	从过去的观赏型转向重视实用性,更加注重形式美与实用功能的有机结合,以生物与环境的良性关系为基础,以人与自然环境的良性关系为目标,城市园林绿地系统的功能在 21 世纪走向生态合理与实用化
数量与效益提高	城市园林绿地的数量不断增加,面积不断扩大,类型日趋多元化,由于人口的增加,土地相对减少,如何合理高效利用各种空间、发挥园林绿地的效益则显得非常重要,出现了集立体型、多功能商业性、寓教于乐性为一体的城市中心园林绿地,以及改进城市污染废弃场地等新型园林绿地
绿地系统结构网络化	城市园林绿地系统由集中到分散,由分散到联系,由联系到融合,呈现出逐步走向网络连接、城郊融合的发展趋势,更加注重以植物综合运用、景观环境绿化和水土整治为核心的物质生态环境规划的统一与协调
新材料、新技术的应用	造园材料与施工技术更加专业化,在各种游乐设施与植物养护管理上广泛采用先进的技术设备和科学的管理方法
方法更加科学	设计方法更加科学化,关注与城市规划的整体协调,重视设计前的调研工作,重视设计中的公众参与,注重研究人的心理行为与环境的关系,关注使用者的心理及生理需求,从过去偏重艺术领域向科学的范畴拓展

现代城市园林绿地建设,首先必须建立在生态观念的基础上,尊重自然条件、历史和文化传统,构建出体现人文关怀、天人合一特色的城市园林绿地系统。其次,要重视园林绿地的实用功能,对那些于生态环境没有实际作用的"形式主义工程"和"形象

工程"要坚决摒弃。另外,还要在批判地继承古今中外园林艺术精华的基础上,设计出富有中国特色的城市园林景观。这样才能找到一条我国城市园林与绿地建设的良性发展道路。

二、城市绿地发展的国际视野

（一）国外古代城市绿地的形成与发展

与我国相比,西方国家在古代城市规划中并不像我国那样重视绿化建设,在涉及绿化建设时,往往是在城市选址时侧重对地理位置的选取以及一些园林建设时进行的绿化。

公元前 1370 年,古埃及皇帝阿克亨纳顿（Akhennaten）在阿玛纳建立首都,城市面临尼罗河,三面被山陵环抱,采取沿尼罗河稍呈弯曲的带形布局,长约 3.7km,宽约 1.4km,这种不设城墙的外围建设,使城市与自然环境融为一体。

古巴比伦产生于两河流域,这种自然优势对城市景观环境具有重要意义。古希腊是一个民主思想极为活跃的地区,人们的各种集体活动很频繁,相应地就出现了许多公共建筑,其中就包括可以供民众享用的公共园林,这种公共园林是今天"公园"产生的基础。古希腊时期的人们在神庙四周广植树木,形成神苑,加强神庙的神圣与神秘之感,同时也表现了古希腊人对树木的敬畏观念,神苑中的树木被称为"圣林",与神庙中举行的祭祀活动相比,圣林更受重视,后来甚至被当作宗教礼拜的主要对象。另外,希腊地处亚热带气候区,适宜户外生活,人们的体育竞赛热情高涨,为满足这种需求出现了体育场。体育场周边绿树成荫,人们在其中散步、聊天、集会,发展成了后来的公园。

在相当长的历史时期内,西方古代城市并没有把城市绿化视为一项极其重要的工程。直到文艺复兴时期,意大利的佛罗伦萨、威尼斯等地兴建了一大批反映文艺复兴新精神和具有重要历史价值的广场,同时与别墅建筑相结合的园林建设也进入高潮,人们对植物的态度也由实用转向园艺观赏。

17世纪后半叶,路易十四在巴黎市内建造了旺多姆广场和胜利广场,对着卢佛尔宫建立了一个大而深远的中轴线,后来成为巴黎城市的中枢主轴,两侧都是茂密的树林,后于18世纪中叶和下半叶完成了巴黎最为壮观的林荫道——香榭丽舍大道建设。凡尔赛宫也是这一时期建造起来的著名宫苑,凡尔赛宫将其外围的大林园包括在内,占地面积达到6000多公顷。宫苑轴线强烈,构图对称规整,苑内各园周围不设围墙,使园内绿化与田野连于一片,更加突出了宫苑宏大的气势。这种简洁豪放的风格也成为世界园林发展史上的独特流派。

(二)国外近现代城市绿地的发展

1. 国外近现代城市绿地的初步形成时期

西方国家城市绿地的发展主要是伴随着资本主义经济高速发展而开始的。在19世纪下半叶,工业革命使新型的工业城市迅速成长起来。与此同时,西欧的城市面貌、市政设施、生态环境等都带有工业时代的特点,彰显着全新的时代特征与崭新的生活形态。然而,由于人们过分追求物质利益,工业生产导致了一系列的环境问题,得到了政府和资本家的重视,城市公园运动就在这时应运而生。

英国是城市绿地发展较早的国家,1833—1843年,英国议会就通过了多项法案,准许动用部分税收进行下水道、环境卫生和城市绿地等基础设施建设。1838年开放的摄政公园就是在这种背景下建设的,公园设计体现了英国公园的固有风格,配置了大面积水面、林荫道、开阔草地,并且在公园周围建造了住宅区,尽量做到从整栋建筑物均可以看到公园。摄政公园的建设还考虑了周边和伦敦市区环境的改造,将公园与居住区联合开发在提高环境质量与居住品质的同时,还能够取得经济效益。这为英国城市公园的规划与建设带来了新的视点,并且对其他国家产生了影响,掀起了新一轮建造城市公园广场的热潮。

19 世纪,英国的城市公园是城市化与工业化浪潮的必然结果。新型公园的出现与传统的园林有很大不同,主要表现在:城市公园的开发主体不再单单是皇室和贵族,大部分是由各个自治体自主开发;城市公园不再是供少数人享用的园地,而是面向社会全体大众开放,具有公共性质;城市公园的功能发生了变化,主要是为了改善城市卫生环境而建造的,具有生态、休闲娱乐、创造良好居住与工作环境的功能,这在一定程度上也有助于缓和城市矛盾。

这一时期,美国的城市公园建设也在积极开展。19 世纪 40 年代的纽约,城市化进程加快,导致一些城市问题暴露出来,其中就包括由于环境问题造成的传染病流行等。1844 年,一些知识分子团体在纽约论坛上陆续发表文章,宣扬公园对改善城市环境的积极意义,还指出纽约应该建成像伦敦、巴黎一样美丽的公园城市。从 1851 年起,纽约州通过考察论证,决定兴建纽约中央公园。该公园于 1873 年建成,占地面积 340hm²,园内拥有大面积的草地,树木郁郁的小森林、庭院、滑冰场、露天剧场、小动物园、网球场、运动场等基础设施,为市民提供了丰富的休闲活动场所。纽约中央公园的兴建也再一次证明,公园与城市同步发展才能促进城市面貌的改观。

2. 国外近现代城市绿地的持续发展时期

20 世纪初新技术的问世,使人们对城市的规划与建设有了新的认识,其中交通工具的进步所产生的影响是十分巨大的。同时,由于城市人口大量涌入,在有限的城市占地内,住房短缺又成了一大难题,这导致一些理论家开始探讨城市规划与改造的新方向。

1898 年,英国人霍华德出版了《明天:一条引向真正改革的和平道路》,1902 年又以《明日的田园城市》为名再版该书,引起欧美各国的普遍注意,影响极为广泛。他在书中提出了"田园城市"的概念,对后来的城市规划产生了很大的影响。霍华德在书中形象地用"三磁铁"来比喻三种生活方式:城市生活,乡村生活,城市—乡村生活,指出"可以把一切最生动活泼的城市生活的优点和美丽、愉快的乡村环境和谐地组合在一起",他主张建设一种兼有城市和乡村优点的理想城市,即"田园城市"来解决城市问题。

霍华德的"田园城市"理论具体内容为:在一座城市当中,人口约为 3.2 万人,占地面积约 400hm²,城市外围有约 2000hm² 的农业用地。城市由一系列同心圆组成,6 条林荫大道从中心通向四周,最中心是一个占地 2.2hm² 的花园,四周环绕着各种大型公共建筑,包括市音乐厅、剧院、图书馆、展览馆、画廊和医院等,它们的外面作为商店和冬季花园,面积约为 58.7hm²,再外一圈为住宅,再外面为宽 128m、长 4.8km 的带形绿地,即大林荫道,绿带内有学校和各种派别的教堂,学校内设有游戏场和花园,绿带外围又是一圈住宅。在城市的外环,靠近围绕城市的环形铁路布置有工厂、仓库、市场等。

霍华德的"田园城市理论"得到了广泛关注,并且被应用到实践当中。1902 年在伦敦东北部建立的莱奇沃思是世界上第一座田园城市,1920 年又在伦敦北部的韦林建立了第二座田园城市。虽然在建设中不能达到理论设计的标准,但这种比较完整的城市规划的确能解决许多城市问题,并且该理论还对现代城市规划思想具有启蒙作用,对后来卫星城理论的出现颇有影响,可以说,"城市田园"理论是现代城市规划理论学科的里程碑。

在这一时期,还出现了许多其他的城市规划理论,如带状城市理论、"有机疏散"理论、光明城理论等,其中的一些规划思想被广泛运用于城市建设的实践当中。

3. 国外近现代城市绿地的成熟时期

在经历了第一次世界大战以后,欧洲各国的战后恢复进行得十分迅速。战后城市在重建的过程中,更多地融入了新的规划思想,其中英国伦敦的环状绿带建设最具有代表性。

英国的环状绿带规划思想其实是根据霍华德的"田园城市"理论发展而来,学者恩温总结出的"卫星城"理论,逐渐被人们所认可。1924年,在阿姆斯特丹召开的国际城市会议指出,建设卫星城和以绿带环绕已有建成区是防止大城市规模过大和不断蔓延的一个有效方法。在1927年,恩温又提出用一圈绿带将城市围住,防止其向外扩展,若城市中人口过多,可以将多余人口疏散到卫星城当中,并且卫星城与"母城"之间要用农田和绿带隔离,这样就能实现城市空间结构的合理化。后来他又提出"环城绿带"的思想,1944年由艾伯克隆比在伦敦主持实施,伦敦从内到外依次规划为内城环、近郊环、绿带环和农业环,这种规划为日后其他地区的绿带规划提供了根本依据,同时也对世界各地的城市建设产生了深远的影响。

4.国外近现代城市绿地的反思

第二次世界大战以后,百废待兴,人类经济和社会规模进入了快速的膨胀期。战后的很长一段时间,世界局势比较稳定,这为经济腾飞提供了有利条件。与此同时,人们也逐渐反思工业革命给现代社会造成的严重恶果,所以,在这一时期的城市建设中,主导思想更加侧重生态规划。

这一时期的生态规划范式已经不再仅仅局限于城市公园和绿化带,人们希望对城市进行更深层次的剖析,从根本上解决社会和环境问题。相应地就出现了生态网络、环境廊道、城市森林等各种生态规划模式,在现代城市当中对环境改善和生态保护发挥着极其重要的作用。这些模式不再单纯追求物质利益,而是要求物质与精神并重,同时随着新时期科学技术的不断发展,在城市园林绿地设计领域又注入了许多新的元素(见表4-2)。

表4-2　西方现代园林绿地设计倾向

设计倾向	主要特征
设计要素的创新	新材料与新技术的应用,使现代城市园林绿地的设计在表现手法上更加宽泛自由,应用激光、电子声控、多媒体等高新技术要素有机结合地形、水体、植物、建筑等要素创造园林
形式与功能的统一	注重功能,形式建立在功能之上,以形式与功能的有机结合作为主要的设计准则
现代与传统相结合	借助传统形式与内容寻找新的含义或形成新的视觉形象,既可以使设计的内容与历史文化联系起来,又可以结合当代人的审美情趣,使设计具有现代感
追求自然神韵	大自然的神韵是现代设计师的灵感的源泉,他们在深深理解大自然及其秩序、过程与形式的基础上,以一种艺术抽象的手段,再现自然的精神
注重隐喻及象征	为体现自然环境或基地场所的历史和环境特征,在设计中通过文化、形态和空间的隐喻,创造有意义的城市园林绿地内容和形式,使人们便于理解,易于接受
讲究精神与文脉	设计充分体现场地的自然、历史、文化演变的过程,重视园林作为文化载体及传播媒介的精神功能,主张创造特有的场所精神
崇尚生态理念	贯彻生态与可持续发展的设计理念,采用维持自然系统必需的基本生态过程恢复场地自然性的整体主义方法,有的强调能量与物质循环使用的原则,充分利用太阳能与废弃的土地、废物回收再利用等,希望创造低能耗、无污染的绿化空间
受当代艺术影响	思想上具有挑战性,形式上标新立异,热衷于各种材料的尝试,追求视觉效果,尽管这些审美趣味不一定会受到当代人的首肯,也不一定会在将来成为主流性质的审美意识,但这对开创新的审美情趣与设计风格是十分重要的

第三节　城市生态与绿地系统的功能作用

一、生态保护功能

工业的发展与人口的集中使城市环境污染日益严重,这无疑会对人们的生活和生产造成巨大的危害。要想改善和保护城市环境,除了从源头上杜绝污染,还要进行有效的防治,而园林绿化就是一项改善环境,防治污染最为有效的途径。

（一）改善城市小气候

由于工业聚集、人口众多等因素，城市中的气候与城市周围郊区以及乡村的气候差别十分明显。具体表现一般为：城市气温比郊区高，云雾和降雨比郊区多，城市上空的悬浮尘埃比郊区多，空气污染情况比较严重。除城市与郊区、与乡村会形成鲜明对比之外，在城市内部由于建筑物、人口、工业区的聚集程度不同，也会形成"局部小气候"，不仅危害人类健康，并且影响城市的形象。近几年来，我国许多城市中还出现了十分严重的雾霾现象，实际上这就是城市小气候直接造成的。除了一些人为因素，之所以城市小气候比较严重，还与城市绿地面积少、绿化面积不足有很大关系。人们在科学实践的过程中逐渐认识到，城市地区及周围大面积进行绿化种植，利用树木花草叶面的蒸腾作用能够有效降低气温，调节湿度，吸收太阳辐射的热量，从而对城市整体以及局部地区的温度、湿度、通风都产生良好的调节效果。城市绿地对于小气候的调节作用主要表现在以下三个方面。

1. 调节气温

绿地调节气温的功能对人体的影响是最直接、最主要的，根据科学研究，一般人体感觉最为舒适的温度是18℃～24℃，相对湿度在30%～60%之间为宜，如果低于或高于这个温度的气候，会使人感到不适。随着城市的向外发展，城市人口大量增加，同时加上工业生产以及硬化路面等原因，城市中的碳排放量直线上升，形成了城市中许多气流交换较少和辐射热相对封闭的生存空间，这就是所谓的城市"热岛效应"。归结其原因，主要有三个方面：城市中建筑材料的热容量比较大，反照率小；城市中建筑物过于集中，通风不良；为了满足人类生活生产的需要导致燃料消耗大，二氧化碳排放量急剧增加。例如，在我国的长江三角洲地区，有上海、南京、苏州、杭州等一大批经济繁荣、人口众多的城市，每到夏季该地区的气温能达到35℃～40℃，并且有很高的空气湿度,生活在这些地区的人们可以说是酷暑难耐。

在城市郊区一般有大面积的森林和宽阔的林带,还有其他各种城市绿地,这对城市温度有良好的调节效果。当我们在炎热的夏天步入森林当中,就能明显感受到一丝凉意。对于整个城市而言,增加绿色植物的覆盖面积能够改善下垫面的气流状况,这是改善城市热环境的重要途径。

在炎热的夏季,绿色植物一般从两个方面改善城市的"热岛效应",即蒸腾作用和吸收热辐射。根据科学研究,太阳辐射的60%～80%能够被成荫的树木和地面的植物吸收掉,同时空气中有90%的热能会被植物的蒸腾作用消耗掉,这样,太阳辐射到达地球的热源被绿色植物吸收掉了大部分,对温度调节的效果是十分明显的。夏季时,人站在树荫下和站在阳光直射下的感觉差别一定很大。然而,绿色植物对气温的调节并不仅仅表现在吸收热量上。到了冬季,绿地对环境温度的调节结果与夏季正相反,即在冬季绿地的温度要比没有绿化地面高出1℃左右,这一现象在足球场上最为明显,经测量,铺有草坪的足球场会比不带草坪的场地高出4℃左右。这是由于绿色植物能够反射地面辐射,从而减少绿地内部热量的散失,绿地又有降低风速的作用,进一步减少热量散失。另外,冬季树干和树叶吸收的太阳热量能够缓慢地散发出来,从而使温度升高。因此,城市绿地对于城市来说,是名副其实的冬暖夏凉的"天然温度调节器"。

2.调节空气湿度

在前面我们谈到生活中最舒适的空气湿度为30%～60%,如果空气湿度过高,容易使人厌倦疲乏,过低的话又会感到干燥烦躁。由于城市大部分面积被建筑和道路所覆盖,空气的湿度会比郊区和农村低。虽然降雨能够缓解空气的干燥程度,但作用并不明显。因为在城市中有比较完备的排水系统,雨水降落到地面以后会迅速经过排水系统排出,真正蒸发到空气中的比例非常少,而农村地区的降雨基本上都涵蓄于土地和植物中,通过地面蒸发和植物的蒸腾作用回到大气中,空气的湿度会明显高于城市。

城市绿地对空气湿度的调节作用也是十分明显的,由于绿化植物叶片蒸发表面积大,所以能大量蒸发水分,一般占从根部吸收水分的99.8%。根据北京园林局测算,一公顷的阔叶林,在一个夏季能蒸腾2500t水,比同等面积的裸露土地蒸发量高20倍,相当于同等面积的水库蒸发量。在现代城市生活当中,人们除了受"热岛效应"的困扰之外,还受"干岛效应"的影响,充分发挥绿地对空气的调节功能是一种科学的解决途径。

3.调节气流运动

绿地调节气流的最显著作用就是能够减低风速,并且风速越大这种作用就越明显。当气流穿过绿地时,树木的阻截、摩擦和过滤等作用将气流分成许多小涡流,经过这一过程,气流的能量就大大消耗了。当强风来临时,绿地中的树木能将其变为中等风速,而中等风速又能减弱为微风。另外,绿化地带减低风速的作用,还表现在它所作用的范围十分宽广,一般可以为其高度的10～20倍,而在背风面作用更明显,可以影响到其树高的25～30倍的范围,因而我国在许多地区都种植了"防风林"。

另外,城市绿地还可以形成城市通风道,这主要表现在夏季。在炎热的夏季,与城市主导风向一致,沿道路、河流等布置的带状绿地,还有由郊外插入市内的楔形绿地,是城市的"绿色通风渠道",也被称为"引风林",也就是通过绿地的作用可以使空气的流速加快,将城市郊区的空气引入市中心,为城市创造良好的通风条件。这是一种空气的物理流动,而城市绿地就是促使空气流动的最好载体。

(二)降低城市噪声

在现代生活中,由于汽车、火车、飞机以及工厂及各类工程建设的存在,导致城市居民经常受到各种噪声的袭击和干扰,使他们的身心健康受到严重损害,轻则使人疲劳、降低工作效率,重则会引起心血管或中枢神经系统方面的疾病,有人将噪声称为"致人死亡的慢性毒药",可见其危害之大。尤其是一些家住交通要道附近或者距离商业区较近的居民,更是饱受城市噪声的折磨。声音的大小常用"分贝"来计量,一般来说,噪声级别在 30 ～ 40 分贝是比较安静的正常环境,超过 50 分贝就会影响到睡眠和休息,如果长期生活在超过 90 分贝的环境当中,则会严重影响听力并导致其他疾病的产生。

在治理城市噪声的过程中,除了从源头上治理,还要采取具体措施减轻噪声的影响。在城市发展的过程中,合理规划城市的布局十分重要,同时还要大力发展城市绿化。我们发现,绿色植物和树木对防治噪声有十分明显的作用,如果种植成片的树木形成林带,就能达到最佳的效果。树木降低噪声的原理,是因为声音投射到树叶上会被反射到各个方向,造成树叶微振而使声能消耗而减弱,所以绿色植物是一种十分完美的"消音器"。

噪声的减弱与林带的宽度、高度、位置、配置方式以及树木种类等有密切的关系。研究表明,声音经过 30m 宽的林带可以降低 6 ～ 8 分贝,经过 40m 宽的林带则可以降低 10 ～ 15 分贝,如果在公路的两旁搭配 15m 宽的林带,噪声基本上可以降低一半。

另外,为降低噪声进行的绿化还要注意对树种的科学选取。一般认为,阔叶树的吸音能力比针叶树效果好;枝叶茂密,树冠宽大的树种吸音效果好;小乔木和灌木虽然并不高大,但由于其分枝较密,同样有良好的吸音能力。所以,对于各种植物进行合理配置,将高大的灌木、小型树木以及草地等绿色植物进行综合运用,才能达到最佳的吸音减噪效果。

（三）净化环境

1. 增加氧气含量

利用绿色植物增加氧气含量的目的是维持碳氧含量的平衡,正常状态下的空气含量构成为氮气 78%,氧气 21%,二氧化碳

0.033％，此外还有惰性气体和部分水蒸气。其中二氧化碳含量过高会对人的呼吸造成极大影响，一般空气中二氧化碳含量为0.05％时，人的呼吸就感到不适了，如果达到很高的含量人们会呼吸困难，甚至死亡。在现代化的城市生活当中，由于人口、工业、建筑等原因，空气中的二氧化碳含量已超过自然界大气中的正常含量指标，这对城市空气质量是极为不利的。

研究表明，城市生态系统中二氧化碳和氧气的平衡可以靠城市绿地中的园林植物来维持。绿色植物通过光合作用，能大量吸收城市人口呼吸和生产、生活活动所排放的二氧化碳，并释放出氧气，这些氧气除了有一小部分满足植物自身的呼吸之外，大部分都被人类利用，所以有人把城市植物比喻为天然的"吸碳制氧工厂"。

据统计，每公顷阔叶林在生长季节每天可以吸收1000kg二氧化碳并释放出750kg氧气；而每公顷绿地每天能吸收900kg二氧化碳，产生600kg氧气；每公顷生长良好的草坪每小时可吸收二氧化碳15kg。由此可见，城市的绿地面积若达到了相应的指标，就能自动调节空气中的二氧化碳与氧气的比例平衡，使空气保持新鲜。

2. 吸收有害气体

污染空气的有害气体有很多种，其中最主要的有二氧化硫、氯气、氟化氢等。有许多种类的植物对它们具有吸收能力，从而起到净化空气的作用。

在所有的有害气体中，二氧化硫的含量最多、分布较广、危害也较大。二氧化硫主要是工业和生活当中燃烧煤和石油时产生的，所以在工业城市的上空，二氧化硫的含量通常都比较高。各种植物吸收二氧化硫的能力不同，表4-3是一些常见植物对二氧化硫的吸收情况。

表 4-3 主要绿色树种吸收二氧化硫能力比较

树种	含硫量（mg/m² 叶面积）	吸硫量（mg/m² 叶面积）
加杨	197.95	86.95
新疆杨	156.51	80.66
水榆	115.44	74.74
卫矛	135.05	67.71
臭椿	133.20	66.97
皂角	96.78	31.28
枣树	125.43	37.37
刺槐	124.32	39.59
旱柳	151.16	29.80
白桦	150.22	33.67

除了二氧化硫，氟化氢和氯气对自然界的危害也比较大。氟是一种带有腐蚀性的气体，多以氟化物的形式存在。在炼铝厂、炼钢厂、玻璃厂和磷肥厂等企业的生产过程中均有氟化物排出，氟化氢对植物的危害很大，对人体的毒害作用要比二氧化硫大20倍。对氟化氢抗性强的树木有：大叶黄杨、海桐、香樟、山茶、凤尾兰、棕榈、石榴、皂荚、紫薇、丝棉木、梓树等。氯气是一种具有强烈刺激性气味，呈黄绿色的气体，主要来源是化工厂、农药厂、制药厂等，吸收氯气能力较强的植物有：怪柳、银桦、悬铃木、构树、君迁子等。另外，其他一些有害气体如一氧化碳、臭氧、铅的蒸气等都能够被各种植物不同程度地吸收。总之，绿色植物对空气中有害气体的吸收效果明显，功不可没。

3. 吸滞烟尘

近年来，城市空气的质量每况愈下，原因是空气中含有大量的尘埃、油烟、炭粒等，这也是雾霾天气产生的一个因素。在大气当中有一些十分微小的尘埃颗粒，我们用肉眼根本看不见，但是它们的总重量却很惊人。据统计，人类每烧一吨煤，就会产生11hm² 的粉尘，一些污染严重的工业城市每年每平方公里范围内降尘量高达 500t,这样的数据可谓触目惊心。当人呼吸时,这些烟灰和粉尘会一同进入肺部,像气管炎、支气管炎、尘肺、矽肺等疾病就是这样引发的,其中最骇人听闻的就是 1952 年英国伦敦因燃煤粉尘危害而使 4000 多人死亡的"烟雾事件"。

在我国的许多城市当中,空气中尘埃的含量都大大超过了卫生标准,尤其是随着近年来城市化进程的加快,粉尘污染的威胁日益严重,不利于广大人民的健康。城市中的绿色植物对烟灰和粉尘有明显的阻挡、过滤和吸附作用。这种功能主要表现为两个方面:一方面是由于枝冠比较茂密,具有强大的降低风速的作用,从而令一些大粒尘下降;另一方面由于一些植物的叶子表面凹凸不平,或者带有茸毛,甚至一部分植物还分泌黏性的油脂或汁浆,这样空气中的尘埃经过树林时,便附着于叶面及枝干的下凹部分等,这些吸附尘埃的植物经过雨水冲洗,又能恢复其吸尘的能力,可谓是天然绿色的保护伞。除了各种树木,草地对烟尘的吸收效果更为明显,尤其是一些茂盛的草皮,能够让尘埃固着,随之融入土壤当中。由此可见,解决城市烟尘问题除了分散地种植绿色植物以外,还可以在城市工业区与生活区之间营造卫生防护林,通过扩大绿地面积、种植树木、铺设草坪等手段,必然能让空气中烟尘超标的状况有所改善。

4. 杀灭细菌

科学研究表明,城市空气中悬浮着各种细菌达上百种,而且许多都是病原菌。在城市各地区中,以公共场所(火车站、百货商店、电影院等处)空气含菌量最高,街道次之,公园又次之,城郊绿地最少,细菌数量相差几倍至几十倍,这显然是与人车密度密切相关的。另外,一个地区绿化的情况也会影响到空气中的含菌量。一般来讲,有浓密树木的与无街道绿化的地区相比,含菌量有很大差别。原因是绿化较好的地区,尘埃颗粒较少,同时一些树木能够分泌具有杀菌能力的杀菌素。例如,百里香油、丁香酚、天竺葵油、肉桂油、柠檬油等,都具有很好的杀菌能力。所以,从这一角度来讲,为了使人们有宜于居住的健康环境,应该拥有足够的面积和分布均匀的绿地,并且应该注意选用具有杀菌效用的树种。表 4-4 是一项关于树木杀菌能力的实验测试,实验者在不同地区进行调查测量,得出了差距明显的结果。

表 4-4　树木杀菌作用测定结果

用地类型	树木覆盖率 / %	草被覆盖率 / %	5 min 内空气降菌量 / （个·m^{-2}）
油松林	95	林下 85	903
水榆、蒙古栎树	95	林下 70	1264
路旁草地	0	100	4 000 ~ 6 000
公园	60	总 65	900 ~ 4 000
校园	50	总 65	1 000 ~ 10 000
道路	10	30	大于 30 000
闹市区	5	0	大于 35 000

（四）净化水体

城市水体污染有多种类型,如工业废水、生活污水、地表径流等,其中工业废水和生活污水一般都有专门的治理,能够通过管道排出后集中处理和净化。但大气降水形成地表径流,往往能冲刷和带走大量地表污物,流入城市河道或水体,这是不容易控制的,有一部分还会渗入地下,进一步污染水源。

城市中的绿地可以滞留大量有害重金属物质,植物的根系也能吸收地表污物和水中溶解质以及减少水中细菌的含量,能够有效净化水体。许多水生植物和沼生植物对净化城市污水也有十分明显的作用,但各种植物的净化能力是有差异的。我们以芦苇为例进行分析,经研究表明,芦苇能吸收酚及其他 20 多种化合物,一般来讲,1m^2 芦苇 1 年可以积聚 9kg 的污染物质。在种有芦苇的水池中,水面上的悬浮物减少 30%,氯化物减少 90%,有机氮减少 60%,磷酸盐减少 20%,氨减少 66%,总硬度减少 33%,由此可见,芦苇对水体的净化功能是极其强大的。目前,我国的一些地区,就把芦苇作为污水处理的重要手段。

除了水生植物,大部分树木的根系也可以吸收水中的溶解质,减少水中细菌含量。我们用一组数据进行比较:从空旷的山坡上流下的水中,污染物的含量为每立方米169克;而从林中流下来的水中,其污染物的含量只有每立方米64克。由此可见,树种对水中的有害物质具有很强的吸收作用,如柳树对水中的镉具有很强的吸收作用,对水溶液中的氰化物去除率可高达94%～97.8%。可以说,利用植物的自净能力净化水质是大自然赋予人类的一项重要的绿色技术。

（五）保护生物多样性

大自然的各种生物是人类的宝贵财富,同时也是我们赖以生存的物质基础。在农业领域,各种生物几乎都是人类生产经营的对象,同时也为工业的发展提供了可能性,这种不可替代的作用与人类的生存发展密切相关。

然而,由于人类无节制地对自然资源进行开发利用,使得许多生物种类濒临灭绝,其中既包括一些数量稀少的动物,还包括许多珍稀的植物种类。近年来,人们也逐渐意识到,这种不和谐的发展模式是不符合自然规律的,因而许多国家都高度重视对于生物多样性的保护。除了颁布各种保护生物多样性的国际公约,还有一些具体的保护措施,其中大力发展绿地建设就是被世界各国所公认的有效措施之一。

在城市绿地系统中,各种风景区和自然保护区以及人工创造的城市绿地都可以为植物、动物和微生物提供合适的栖息地,是各种生物生存的载体。经过人为的规划设置,能够利用诸如道路、河流等带状绿地形成绿色“廊道”,从而减少城市生物生存、迁移和分布的阻力面,使城市绿地系统成为开放系统,就像一个系统的网络一样,给生物提供更多的栖息地和更大的生存空间,这样能更适合生物自身的生态习性和遗传繁衍。

保护生物多样性,同时也是一件对人类极为有利的举措,它可以改善人与自然、植物与动物、生物与环境之间的协调关系，达到稳定生态平衡的效果。当今在世界范围内，已经有了很多成功的范例，如在一些发达国家城市，像伦敦、巴黎、悉尼、华盛顿等，其城市绿化水平都特别高，各种鸟类、昆虫、小动物都有了栖息场所，这不仅增加了城市的生机，还促进了旅游业的发展。另外，近年来在我国的许多城市兴建了各种植物园和公园，这不仅是对一些珍稀植物的保护措施，同样能对各种小动物起到保护作用，位于我国北京地区占地 680hm^2 的奥林匹克森林公园，就是其中的典型代表。可以说，在城市中兴建植物园，是一种保护生物多样性的重要措施。

（六）防灾减灾

1. 蓄水保土

树木和草地对保持水土有非常显著的功能。由于绿地或树木的枝叶茂密地覆盖着地面，当雨水下落时首先冲击树冠，不会直接冲击土壤表面，可以有效地减少地表土的流失。当雨水或洪水流经地表时，树木和草本植物网状密集的根系固定住了表层土，大大降低了表土被带走的可能性。尤其是一些草类植物，还能够有效降低水的流速，促使一部分水渗入地下。

有人曾对有林区和无林区的洪灾进行观测，发现农区森林可将产流时间推迟 1h，径流时间延长 7h，阔叶林地最早产流时间比针叶林地晚 4.4 ～ 9.0h，土壤径流过程比针叶林地的长 9.42 ～ 82.5h。这些数据充分证明了绿色植被在水土保持方面的重要作用。

城市当中的绿地和森林的功能是一样的，在一些台风经常侵袭的沿海城市，多种植树木并沿海岸线设立防风林带，能够有效减轻台风的破坏。因为在台风来临的时候通常会伴有强降雨，这些绿色植物既能降低风速又能保持水土，可以说功不可没。因而，我国政府在一些地区实行退耕还林的政策，同时修建天然林来保

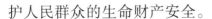

护人民群众的生命财产安全。

2. 防震防火

绿色植被防震防火的功能是人们在 20 世纪才发现的,1923 年 1 月,日本关东发生了大地震,同时也引起了大火灾,许多地方被大火吞噬,损失惨重。然而人们发现,城市公园成了意外的避难所,许多人由于进入公园避难而幸存,从此,人们就认为公园绿地是保护市民生命安全的有效设施。在 1976 年的唐山地震过程中,北京一些地区也受到影响,曾利用 15 处公园绿地疏散居民 20 余万人。这就是利用绿地减轻地震影响的成功范例。

另外,当城市中发生火灾时,绿地不但具有防火及阻挡火灾蔓延的作用,而且绿地的减灾效力比人工灭火要高一倍以上。许多绿色植物的枝叶内存在着大量的水分,在火灾发生时不易燃烧,从而阻止了火势的蔓延,有一些树种即使被烧焦也不会产生火焰,还有一些树种的生命力极其顽强,在烧焦之后的第二年仍然可以发芽生长。由此可知,城市的广场公园和防护绿地等公共场所对灭火和阻止火势蔓延具有积极的作用。

3. 防空备战

绿色植物在军事上同样有十分重要的作用,并且涉及很多方面,其中最直接的作用就是绿色植物具有隐蔽功能。在军事战斗中,战士可以利用丛林或草地的保护色将自己隐蔽,以完成既定的军事任务。当代军人的作战服装多为迷彩服,目的就是选择与绿色植被相近的颜色,具有隐蔽的功能。

另外,在空战当中,绿色植被除了具有隐蔽功能,还能够利用自身枝干高度,枝叶茂密的特点有效阻碍轰炸时弹片的飞散,减少人员伤亡,并且绿色植物还能够过滤吸收放射性物质,从而降低光辐射的传播和杀伤力。这一功能在"二战"当中就有十分明显的表现,在欧洲一些城市遭到轰炸时,凡是树木茂密的地方损失就比较轻,所以说绿地在军事战争当中也有很广泛的应用,其在防空备战方面的战略意义不可小觑。

二、景观与使用功能

（一）城市绿地系统的景观功能

1.衬托城市建筑

在整个城市系统当中，建筑物作为主体部分未免有些单调，绿色植物则可以起到一种装饰、衬托建筑的作用，尤其在一些园林景观当中，这种效果表现得就更为明显。

园林植物本身具有独特的姿态、色彩和风韵，不同的园林植物形态各异，变化万千，通过艺术性的配置，以对植、列植、丛植、群植等方式表现植物的群体美，从而营造出乔、灌、草结合的群落景观。在我国古典园林中就有竹径通幽、梅影疏斜等方式表现园林清雅隽永的特点。园林植物随着季节的变化又会有不同的特征，春季繁花似锦，夏季绿树成荫，秋季硕果累累，冬季枝干遒劲。这种草木枯荣，盛衰往复的规律更是让城市中建筑的景观发生着丰富的变化。

城市中大量的硬质楼房形成了轮廓挺直的建筑群体，而绿色植物的添加则是柔和色彩的体现，将这两者融合在一起才能达到刚柔相济的和谐统一美感。绿色植物既可以用于基础栽植、墙角种植、墙壁绿化，也可作为雕塑、喷泉、建筑小品的装饰，通过色彩对比和空间的围合营造烘托的效果。这种刚柔对比、高低错落、丰富多变的城市图底关系，丰富了城市的空间层次，达到了衬托城市、美化城市的效果。

2.营造城市整体风貌

城市绿地通过良好的空间布局可以改善城市环境，形成典型的景观特色。世界上许多著名的城市，都是通过具有特色的城市构造而闻名于世的。例如，杭州就是以西湖风景园林著称，巴黎是由于塞纳河横贯其中，沿河绿地丰富了城市风貌而知名，澳大利亚的堪培拉,整个城市都处于绿树花草之中,被称为美丽的"花园城市"。

一个城市的整体风貌要具有自己的特色,在构建的过程中就要考虑多方面的因素。道路是人们进入城市后的主要印象,要具有连续性和方向性,利用不同种类的绿色植物装饰道路可以获得一种自然野趣的效果,使道路更具魅力。城市的边界和外围景观效果,通过水体、森林、空旷地等形成的城郊绿地,是十分理想的自然边界。城市的整体又可以分为多个功能分区,不同区域的景观效果应保持特色,运用绿地就可以明显区分各个区域之间的界线。此外,城市中还应具有相应的标志物,标志物最好在城市中心较高的地区,如拉萨的布达拉宫,北京北海的白塔等,都成了一个城市的名片。在标志物周围用绿地进行装饰美化,更能体现其历史文化价值。总之,城市整体风貌的营造需要充分利用各种自然特征,并与城市绿地系统紧密结合进行布局,这样才能体现出城市的独特魅力。

（二）使用功能

1. 提供游憩娱乐场地

现代生活的节奏较快,人们工作显得紧张而繁忙,所以利用假期进行放松休憩是必不可少的生理需求。例如,安静休息,文化娱乐,体育锻炼、郊野度假等都是较为适合的形式,可以消除疲劳,恢复体力,调剂生活,振奋精神,提高工作效率。游憩这种个人的需要逐渐发展成社会的需要,也越来越受到人们和社会的重视,因此,游憩空间的组织就成为现代城市规划不可缺少的组成部分。

休闲娱乐已经成为城市绿地的主要功能之一。园林绿地为人们提供游戏游憩活动的场所,这些场所主要包括:城市中的公园、街头小游园、城市林荫道、广场、居住区的公园、小区公园等园林绿地,根据不同人群的喜好,人们日常的游憩活动可分为动、静两类，一般青少年喜欢动的游乐，中老年人多喜欢静的游憩活动。城市居民可以在园林绿地当中选择自己喜欢的休闲内容：文娱活动可选择下棋、唱歌、舞蹈、绘画、摄影等；体育活动可选择田径、游泳、球类、武术等；少年儿童可以选择滑梯、秋千等适合孩子心理的游戏，但要注意安全；安静一些的休息方式可以选择散步、垂钓、品茶、赏景，等等。

城市绿地拥有良好的环境，多种多样的类型，为人们提供了绿色、丰富、便利的户外活动场所，促进了人与人之间、人与自然之间的交流，显著改善了城市居民的生活质量。

2. 提供度假疗养场地

根据医学和心理学的研究发现，植物对人类有着一定的心理功能，尤其是绿色植物能够让人产生一种自然的亲近感。绿色使人感到舒适，能调节人的神经系统，在一些国家，公园绿地甚至被称为"绿色医生"。一般来讲，绿色和蓝色容易使人镇静，红色和黄色能够使人兴奋和活跃，而在现代生活中，使人镇静的色彩越来越少，使人兴奋的色彩越来越多，其实这是不利于人的身心健康的。身处绿地当中，可以激发人们的生理活力，使人们在心理上感觉平静，植物的青、绿色又能吸收强光中对眼睛有害的紫外线，对人的神经系统、大脑皮层和眼睛的视网膜都有保护作用。在一些自然风景区，气候宜人，景色优美，绿色植被较多，是人们度假和疗养的最佳选择。

3. 生态环境与爱国主义教育功能

（1）生态环境教育

园林绿地是城市居民接触自然的窗口，通过接触，人们可以丰富科学知识，提高环境意识，从各类植物的生长、生态形态到季节的变化，群落的依存，动植物多样化的关系等，园林绿地中植物园的建设，让人们接近、了解自然。很多城市公共场所以及居住区的植物挂有标志牌，为人们认识自然创造了条件，可以使社会成员认识、了解大自然的众多成员，了解生物共和的重要性，逐渐使人们热爱自然、保护自然,提高人们的环境保护意识。

城市绿地还是进行绿化宣传及科普教育的场所。在城市的综合公园、居住公园及小区的绿地等设置展览馆、陈列馆、宣传廊等,以文字、图片形式对人们进行相关文化知识的宣传,利用这些绿地空间举行各种演出、演讲等活动,能以生动形象的活动形式,寓教于乐地进行文化宣传、提高人们的文化水平。运用公园这个阵地进行文化宣传、科普教育,由于人们是在对自然的接触中、游憩中、娱乐中得到教育,寓教于乐,寓教于学,形象生动,效果显著,所以园林绿地越来越受到社会的重视。

（2）爱国主义教育

许多城市绿地共生着悠久的文化遗存,或地址,或建筑、物件,或树木,或碑刻等,同著名的历史事件、历史人物相连,或展示祖国的大好河山,或纪念为国家建立和建设牺牲的烈士,或还原国防历史中的某一片段,具有珍贵的文化价值,是宣传民族传统文化、弘扬爱国主义精神的重要场所。

在侵华日军南京大屠杀遇难同胞纪念馆中的雕塑,表现着死难者怒目圆睁的"头颅"、被活埋时挣扎的"手"、日寇杀人时沾满血迹的"战刀"、残破的城墙和枪炮射击的痕迹,具有充分的情节性,参观者可以联想到当中"生与死""痛与恨"的主题,深切感受到战争的残酷,和平的珍贵。杭州岳王庙始建于南宋,历代迭经兴废。园内陈列着历代的石碑、题字,岳飞诗词、奏札等手迹,墓道两旁陈列着石虎、石羊、石马和石翁仲,墓阙下有四个铁铸人像,反剪双手,面墓而跪,即陷害岳飞的秦桧、王氏、张俊、万俟卨四人。跪像背后墓阙上有楹云:"青山有幸埋忠骨,白铁无辜铸佞臣"。游客游此无不为民族英雄岳飞"精忠报国"的爱国主义精神所感动。在上海虹口公园的鲁迅纪念馆,从鲁迅战斗的一生中可感受到伟人的"黄牛"和"匕首"精神。这些无声的课堂使人们受到更深刻的教育。

每年的清明、"五四"青年节、"七一"建党日、特殊纪念日等重要节日,英雄园、烈士陵园等纪念性公园会组织市民和中小学生进行祭奠活动。例如,葫芦岛市人文纪念公园是融教育纪念和人文观赏为一体的、具有鲜明文化特点的、以"人文纪念"为主题的观光式公园。公园自 2000 年对外开放以来,群众每年都要在清明节期间自发地到这里举行纪念先烈、缅怀先人的大型革命公祭活动,这项活动已经形成了一种"清明文化现象"。

4. 避灾与救灾功能

在地震、火灾等严重的自然灾害和其他突发事故、事件发生时,城市绿地可以用作避难疏散场所和救援重建的据点。

（1）避灾功能

灾害发生后,城市绿地可以为避难人员提供避难生活空间,并确保避难人员的基本生活条件。

1923 年日本发生关东大地震,在城市公园避难的人数占当时东京市避难总人数的 40% 以上,城市绿地的避灾功能被公众和城市规划人员认识并开始进行深入的探讨。1986 年,日本提出把城市公园绿地建成具有避难功能的场所,在城市绿地系统建设中有意识地加强了防灾避灾绿地的建设,并形成了较为完备的防灾避灾绿地体系。1995 年,当阪神大地震来临时,有约 31 万人被分散在 1100 多个避难场所中,其中神户的 27 个公园都成了居民的紧急避难所和灾后暂住场所。

1976 年 7 月,唐山地震波及北京、天津一带,北京 15 处公园绿地总面积逾 $400hm^2$,疏散居民 20 多万,绿地提供了避灾的临时生活环境。1999 年,我国台湾集集地区发生地震,丰原市、大里市和东势镇共有 4.4 万人在 51 个避难所避难,其中公园的避难面积占 1/3,东势镇在公园绿地避难的人口占避难总人口的 56.3%。2008 年 5 月 12 日的汶川地震,全国很多地方有强烈震感。在上海延中绿地、陆家嘴绿地等大型城市绿地中,站满了从周围办公建筑中疏散下来的人员,在重庆不少地区,很多市民产生恐慌心理,陆续进入城市绿地中避震,仅花卉园深夜高峰期就达到 5 万人。事实证明,在历次的地震灾害中,城市绿地都发挥了重要的避难疏散作用。

随着对应急避难体系研究的深入,我国也越来越重视城市绿地所发挥的作用。2002年颁布的《北京市公园条例》第二条规定,"公园具备改善生态环境、美化城市、游览观赏、休息娱乐和防灾避险等功能";第四十九条规定,"对发生地震等重大灾害需要进入公园避灾避险的,公园管理机构应当及时开放已经划定的避难场所"。

2003年10月,中国第一个应急避难场所——元大都城垣遗址公园在北京建成,园内拥有39个疏散区,具备10种应急避难功能,可为周围居民提供生命保障。此后,北京的防灾公园建设陆续展开。2004年,北京朝阳公园动工兴建5处应急直升机停机坪,为公园增加避灾救灾功能。同年,北京第一个独立、节能型的社区级应急避难系统在万寿公园建成。该避难系统主要由11项应急避险功能及配套设施组成。2006年,为配合奥运会,北京制定了《北京市中心城地震及其他灾害应急避难场所(室外)规划纲要》,逐步将八大城区的一些公园绿地改造为配有应急避难设施的真正意义上的防灾公园。截至2008年,北京市已建成29处防灾公园或绿地,总面积$495 \times 10^4 \text{ m}^2$,可同时容纳189万人紧急避难。由此,北京市应急避难场所的建设相继展开。

作为防灾公园,绿地内必须能够搭建提供避难人员栖身的简易房、防震棚、帐篷等;有紧急提供被褥、衣物、饮用水等生活必需品的储备和供给能力;有备用的应急电源、供电设备、照明和供水设施;有按规定设置的临时厕所等,从而保证避难人员可以在绿地内等待救援,度过灾后重建的一段时期。

（2）救灾功能

城市绿地在灾后救援与重建中同样发挥着重要作用。

物资、食物、饮用水的分发等救援活动,可以将城市绿地作为据点来进行。

严重的灾害过后,都会有不同程度的人员伤亡。1976年唐山大地震震亡24万余人,重伤16万余人;1999年我国台湾集集地区地震死亡 2400 多人,受伤逾 1 万人。灾害发生后,及时抢救伤员特别是危重伤员是一项十分紧迫的工作。在城市绿地中设立医疗服务点,可以让救援人员及时开展医疗救护,对伤员进行救治。

灾害发生后,灾区内外的运输任务极为繁忙。以唐山大地震为例,震后几天之内,10 万名解放军指战员、2 万多名医务人员和大量工程技术人员进入灾区,逾 70 万吨支援灾区的物资运抵唐山。城市绿地中大型的停车场和停机坪、大面积的空地,可以成为救援物资的集散地,为运输车辆和相关人员提供服务,建立救护指挥部,进行道路抢修、倒塌建筑的应急处理、防火、防范巡逻等有组织的复旧活动。

第五章 公共环境设计与生态化研究

公共环境设计是指在开放性的公共空间中进行的艺术创造，本章对于公共环境设计与生态化的研究，从公共艺术空间环境、公共环境装饰艺术解读以及公共环境设施设计与生态化三个方面入手进行。

第一节 公共艺术空间环境

公共艺术空间环境是指公共艺术创作与实施的客观外部环境，即地域自然环境与地域社会环境。公共艺术应当反映作品所在地的地域自然环境与社会环境特征，其创作实施必然受作品所在地的自然环境与社会环境的影响，并由此而综合形成公共艺术的地域个性。

一、地域自然环境

地域自然环境包括地理区位与地理环境，是公共艺术外部因素中的基础因素，是公共艺术产生和发展的自然基础。地域自然环境是在很长时间内逐渐形成的相对稳定的因素，长远并间接地作用于地域社会环境的形成过程。公共艺术创作的内容应反映地域自然风貌，创作所选材料，所用形式，运输、安装、维修方法等均要考虑地域气候与地域产材。城市是一个人造的自然环境，属于大自然的一部分，无法脱离整体生态系统而独立存在，因此，在城市中进行公共艺术创作与实施，应按照自然美的规律再造自然,倘若背弃自然的原则,就会破坏自然环境的原生形态,必将遭到自然的惩罚。①

（一）地理区位

地理区位是公共艺术空间环境因素中一个不可变的因素,但在不同的时代,其作用会发生变化。地理区位是同地理位置有联系又有区别的概念。区位一词除解释为空间内的位置以外,还有布置和为特定目的而联系的地区两重意义。所以,区位的概念与区域是密切相关的,并含有被设计的内涵。区位中的点、线、面要素,具有地理坐标上的确定位置,如河川汇流点和居民点,海岸线和交通线,流域和城市吸引范围等。一个区域,是由点、线、面等区位要素结合而成的地理实体的组合。

（二）地理环境

地理环境是社会历史存在与发展的决定性因素之一,也是公共艺术产生与发展的必要条件,任何公共艺术都在一定的地理环境中存在并受其制约与影响。作为具有创造性思维的人,不可避免地会受到所在国家、社会、民族的地理环境的影响。

实际上,纯粹抽象的城市公共空间并不存在,每一个城市公共空间最终都要与不同的社会活动结合,产生不同的场所,即公共场所。每一个场所又形成了不同的场所精神。场所大致有五种:政治性场所,文化公共场所,商业公共场所,一般性公共场所和娱乐休闲性公共场所。这些场所的性质、职能决定了公共空间的性质和职能,也决定了场所精神。

---

① 中国自古讲究"天人合一",这种"人与自然和谐共处"的追求影响着古代庙宇、宫殿、塔楼、园林等公共建筑的设计,在方位铺陈、空间配置、开与闭、虚与实的权衡上,均力求与天地自然环境交互融合,达到"人天圆融"的境界。

二、地域社会环境

（一）经济规律

公共艺术属于物质社会的一部分，如果没有经济的投入，公共艺术的创作与实施不可能进行。经济繁荣、社会进步是公共艺术发生的物质基础。现代公共艺术活动是社会活动的一部分，担负着具体的社会实用功能。

（二）科学技术

社会物质文化的产生、形成与发展，每一步都离不开物质技术手段在生产、生活中的应用。人类开发利用自然资源的技术水平与观念是地域自然环境变迁的主要原因之一，由此引起地域社会环境其他因素如政治、经济等的变动，对文化艺术意识及状态产生影响。而公共艺术从设计到实施必须考虑工程技术的实施可行性，公共艺术制作、运输、安装、维修等具体实施的每个环节，必定与其相关的技术发生关系。中国当代最具代表性的四座公共性建筑——鸟巢、水立方、国家大剧院、央视新大楼（见图5-1）的诞生，无不与现代高科技息息相关。

图5-1　央视新大楼

（三）政治制度

经济繁荣与民主政治是公共艺术的两大外部因素,地域政权形式、职能行使方式及其他地域相互的作用,直接影响地域文化艺术状态的形成。政府文化投入政策的制定、政府文化意识趋向等对公共艺术的立项与定位有着重要作用,有时甚至是决定性的。

（四）思想意识

文化艺术的创造者是人,思想意识与文化艺术在地域社会环境诸因素中是最为相关的两个概念。地域、政治、经济、科技、宗教等社会环境诸因素的变动势必引起地域思想意识的变化和更新,从而影响地域文化艺术发展,公共艺术因其大众性而与地域思想意识的关系更为密切。

（五）民族宗教

历史上,民族的迁移、民族的往来往往带来宗教的传播与文化艺术的交流,形成地域文化艺术新形态,宗教建筑则因氛围营造的功能需要成为实用艺术的载体。而公共艺术作品在表现地域文化个性时,地域民族宗教特色及其渊源是其中重要的表现内容。

（六）民俗传统

每个地区都有自己传承下来的民俗传统。民俗传统是经历长期的历史演变而成,综合地体现了地域大众的发展状况。作为一种以大众性为其显著特征的实用艺术,地域公共艺术应反映地域民俗传统,使其更具地域特色,更易被地域民众广为理解与接受。

第二节　公共环境装饰艺术解读

一、公共雕塑装饰艺术设计

城市雕塑是雕塑艺术的延伸,也称为"景观雕塑""环境雕塑"。无论是纪念碑雕塑或建筑群的雕塑,还是广场、公园、小区绿地以及街道间、建筑物前的城市雕塑,都已成为现代城市人文景观的重要组成部分。城市雕塑设计,是城市环境意识的强化设计,雕塑家的工作不只局限于某一雕塑本身,而是从塑造雕塑到塑造空间,创造一个有意义的场所、一个优美的城市环境。

作为公共艺术作品,雕塑在设计的过程中,必须考虑与周围环境是否和谐,必须考虑雕塑放置的场地周围相应的景观、建筑、历史文化风俗等因素,人群交流因素以及无形的声、光、温度等因素,这一切都构成了环境因素,即社会环境与自然环境。因此,决定雕塑的场地、位置、尺度、色彩、形态、质感时,常要从整体出发,研究各方面的背景关系,通过均衡、统一、变化、韵律等手段寻求恰当的答案,表达特定的空间气氛和意境,形成鲜明的第一印象。人行走在这一环境空间中,才会对城市雕塑作品产生亲切感。

(一)公共雕塑的设计要求

1.接近真人尺度

由于现代城市生活节奏快,高层建筑林立,人们被分隔、独立,造成了人文负面影响。因而在城市规划中,设立观赏区、休闲区、步行街、绿地等公共空间,并在其间设计雕塑,以创造人与环境的亲近感。在设计环境雕塑时,雕塑的尺寸大都采用接近真人的尺度,使观众的可参与性加强,从而满足了不同层次人们在城市公共环境中的舒适感。

图 5-2　接近真人尺度的雕塑

2. 关注现代人的审美与时尚

城市环境的现代性,促使公共艺术作品不能满足于以往的传统模式,而更应丰富艺术作品的表现手法、材料技法,更加关注当代城市人的审美情趣、审美心理与习惯、流行时尚,只有这样,现代城市雕塑才能和谐地矗立在城市的公共空间中(见图5-3)。

图 5-3　西方现代雕塑

(二)公共雕塑的位置选择

城市雕塑位置选择的着眼点当然首先是精神功能,同时还要兼顾环境空间的物质因素,以构成特定的思想情感氛围和城市景观的观赏条件。城雕一般放置的地点有以下几个地方。

(1)城市的火车站(见图5-4)、码头、机场、公路出口。这是能给城市初访者留下第一印象的场所。

图 5-4　南京站前的雕塑

（2）城市中的旅游景点、名胜、公园（见图 5-5）、休憩地。这些地方是最容易聚集大批观众，而且最适合停下来仔细欣赏城市雕塑的场地。

图 5-5　成都上城公园雕塑

（3）城市中的重大建筑物。雕塑的主题性会在此显得更为明显，见图 5-6。

图 5-6　美国白宫门前的雕塑

（4）城市中的居住小区、街道、绿地。这些地方的环境和谐、气氛温馨，是最容易让雕塑与人亲近的地方，见图 5-7。

图 5-7　街边雕塑

（5）城市中的桥梁、河岸、水池。这些地方容易让雕塑作品产生诗意，见图 5-8。

图 5-8　河岸边雕塑

（6）城市中的交通枢纽周围。此地虽能扩大雕塑的影响力，但作品不宜限于局部细节的刻画，而应形体明快、轮廓清晰，一目了然，令人过目不忘，见图 5-9。

图 5-9　交通环岛的雕塑

二、城市壁画的设计

壁画设计制作的全过程是根据业主的意图,利用一定的材料及其相应的操作工艺,按照艺术的构想与表现手法来完成这个工程项目的。具体来说,城市壁画的设计包括选题与构思、色彩与处理两个阶段。

（一）壁画的选题与构思

选题是从业主(委托人)和使用者的命题范围来着手的。功能性强的壁画,有的业主是直接出题,在构思完成后,利用艺术家的表达方式表现出来。而构思一般分为两个方面,一方面是以理性思维为基础,对建筑载体的内涵进行直接阐述与强调,重视场所精神的事件性和情节性,带有纪念和引导意义;另一方面是非理性的表现,这类壁画大多从宣泄设计者的情感出发,想象表现一种理想和意识,强调装饰效果是一种带有唯美色彩与抒情性的设计,注重视觉效果对建筑物外部环境的形、质、色等视觉因素的补充和调整。

在壁画的选题构思中,设计师还得不断从古今中外的文化财富中汲取营养(见图 5-10),研究壁画与建筑墙体形态的变化关系,并与当地文化特征和现实背景相适应,或者依据特定场所功能而展开的构思。

图 5-10　《越过大海的梦想》（张建辛）

（二）壁画色彩与处理分析

现代壁画设计中，色彩处理直接关系到壁画的装饰性效果。在普通的绘画中较多地表现出个人风格，允许采用个性化、个人偏爱的色彩，而在壁画设计中，色彩要更多地体现环境因素、功能因素和公众的审美要求。在具体的设计中，壁画色彩的处理要考虑五个方面的因素。

其一，需要特别重视色彩对人的物理的、生理的和心理的作用，也要注重色彩引起的人的联想和情感反应。例如，在纪念堂、博物馆、陈列厅等场所的壁画往往以低明度、高纯度的色调为主，可获得庄严、肃穆、稳定和神秘的气氛；而在公共娱乐场所、休闲场所、影院、公园、运动场、候车室中则多以热烈、轻快、明亮的色调为主，并适当使用高明度、高纯度色调，从而营造出欢快、愉悦、活泼的气氛。

其二，不能满足于现实生活中过于自然化的色彩倾向，而是要思考如何来表现比现实生活更丰富、更理想的色彩，从而实现它的装饰性功能。

其三，还可以通过色彩设计调节环境，恰当地运用不同的色彩，借助其本身的特性，对单调乏味的硬质建筑体进行调节性处理，使环境产生人性味。

其四，色彩设计要从属于壁画的主题，应主观地调整色彩的表现力，通常习惯用某种色彩所具有的共通性——联想和象征去表现、丰富主题内容，美化环境、改善环境，如图 5-11 所示。

图 5-11　铝板、丙烯壁画《人与自然》的局部（张世春）

其五,壁画的色彩设计要从整体出发审视周围环境,强调结构方式,把它们各部分及其变化与壁画完整地联系起来,使气氛自然和谐。

第三节　公共环境设施设计与生态化

一、公共设施造型与环境的共生性

(一)人对空间的感知

空间和人之间的关系,犹如水和鱼之间的关系,只有有了空间的参照,才能凸显出人的存在。人可以对空间进行能动的改造,而空间也是事物得以存在的有机载体。对于一个能够容纳人的空间来说,它需要变得十分有序,在空间中,人和空间中所存在的公共设施构成了主从关系。现代社会中的人们通过建造居住、活动以及旅游的空间,追求自己内心丰富的愉悦感。

人在环境空间的活动过程中,可以通过不同的体验来获得多个方面的感知,这其中也包括人对空间的感知:

(1)生理体验:锻炼身体、呼吸新鲜的空气。

(2)心理体验:追求宁静、赏心悦目的快感,缓解工作压力。

(3)社交体验:发展友谊、自我表现等。

(4)知识体验:学习文化、认识自然。

(5)自我实现的体验:发现自我价值,产生成就感。

(6)其他:不愉快体验或消极体验等。

人的不同层次的体验,正是现代人品格的追求,也是现代人的特点的充分体现。在公共设施的设计中要能够充分满足他们各种体验的需求,才会实现空间的效益化,这是对当前环境进行优化的先决条件。

（二）人在空间中的行为

地域不同，其地形地貌与风土人情之间也会有不同的表现，其中也有着一定的联系，如辽阔草原给生活在其中的牧民一种豪爽气概、江南水乡的人们具有一种精明能干的特质等，由此可以看出，环境对人的性格塑造起着重要的作用。空间环境会对人的行为、性格以及心理产生一定程度的影响，同时人的行为反过来也会对环境空间起到一定的作用，这些影响突出体现在城市的居住区、城市广场、街道、商业中心等人工景观的设计与使用方面。

生活空间和人的日常行为之间的关系可以分成下列三个方面：

（1）通勤活动的行为空间。这一空间主要是指人们在上学、上班的过程中途经的路线与地点，同时也包括外地的游览观光者所经的路线和地点。景观公共设施设计应把握局部设计和整体之间的融合。

（2）购物活动的行为空间。由于消费者的特征不同，商业环境、居住地以及商业中心距离也会对行为空间产生一定程度的影响，人们不光要有愉悦的购物行为，还有休闲、游玩等多种其他的行为。因此，城市形象的主要展示途径之一也需要一个良好的景观公共设施设计。

（3）交际与闲暇活动行为空间。这个空间包括了朋友、邻里以及亲属间的交际活动，而且，这一类的行为多发生在宅前宅后（见图 5-12）、广场、公园及家中等场所。所以，出现这些行为的场所设计依然为景观公共设施设计一部分。

图 5-12　宅前宅后活动空间

二、公共设施的色彩与材质

公共设施不单单是一种造型与功能相结合的设计形式,它还是一种依托于材质表现出来的设计艺术,材料支撑了公共设施的骨架,而且会通过特定的加工工艺程序表现出来,由此可知,公共设施的材质和工艺会对其美观造成直接的影响。而在设计的过程中,还要重点考虑各材料所具备的特性,如可塑性、工艺性等,利用材料的材质不同来表现设计主题的差异。材料不同,设施自身具备的特点和美学特征就会相应地不同,其美学特征主要体现在材料的结构美、物理美、色彩美。由此可知,运用材料时要尽可能地挖掘材料自身所具备的个体属性以及结构性能,充分地体现出物体美。同时还应该重点关照材质表面肌理,这是因为,如果表面的工艺不一样,其材料的肌理也会相应地不同,从而对人的视觉作用也就不同。

除了上述原因之外,材料的工艺精细程度不同,给人的感受也会不同,工艺越精细,给人的感觉也就越逼真、醒目,反之,如果工艺相对简单、粗糙的质地就会给人一种十分大气的感觉。由此可知,工艺不同给人带来的视觉感受也会不同,工艺美也会有所不同。

三、交通空间的公共环境设施

城市中的交通空间设施设计通常有很多,这里摘取一些比较重要的设计来讲述,如城市中的自行车停放位置设计、公交车候车厅设计。

(一)自行车停放位置设计

我国有"自行车王国"的称号,由此可见自行车在中国的使用数量之多、人数之庞大,它已经成为我国最为普遍的交通工具之一,自行车在空间中的停放是我们有效解决环境景观整体效果的重要因素。在不少公共环境空间的周围或道路边，设计者们都会额外地设置一些固定的自行车停放点，一般多是遮棚的构造，也有很多采取的是一种相对简易的露天停放架或停放器设计。

自行车的存放设施不但要考虑到它的功能，还要体现出一定的效益，最大限度地考虑一定面积内的停放利比率。自行车在存放时可用单侧式、双侧式、放射式、悬吊式与立挂式等多种方式。其中，以悬吊式与立挂式最为省占地面积，但缺点是存取十分不便；而放射式则具有比较整齐、美观的摆放效果。

自行车的尺寸也不同，随着社会的发展，自行车设计方式也在发生较大的改变，同时，自行车的尺寸在向小型化、轻便化方向发展设计，如表 5-1 所示为自行车的尺寸。

表 5-1　自行车的尺寸（mm）

类型	长	宽	高
28 吋	1940	520 ~ 600	1150
26 吋	1820	520 ~ 600	1600
20 吋	1470	520 ~ 600	1000

自行车的停放场车棚内还要有照明、指示标志等辅助性基础设施。对于停放自行车的地面来讲，最好是选择受热不易产生变形的路面，如混凝土、天然石材等。在对车棚做雨水排放设计时，不仅要考虑地面，同时还要兼顾顶棚，可以在地面上铺置一些碎石块来防止棚顶的雨水对地面的冲刷，也可以设置一些排水槽等。

（二）公交站亭的设计

公交站亭的主要功能是能够让乘客在等车时享受便利、舒适的环境，保证人们的安全与便利，由此可知，公交站亭在设计时需要具备防晒、防雨雪、防风等多种功能，材料上也要考虑到它们处于户外这一因素。一般公交站亭的使用材料多采用不锈钢、铝材、玻璃等易清洁的材料，在造型方面多保持开放的空间构成。实际上，在满足公交车站的空间条件、空间尺度的情况下,还可以设置公交车亭、站台、站牌、遮棚、照明、垃圾箱、座椅等辅助性设施。城市中的公交站亭的一般长度多在 1.5 ~ 2 倍的标准车长,宽度也要大于 1.2m。

1.公交站亭的类型

公交站亭的类型较多,其主要的有顶棚式、半封闭式、开放式。

顶棚式:只有顶棚与支撑设置,顶棚下是一个通透的开放空间,便于乘客随时查看来往的车辆,也可以单独地设置一个标志牌等。如图 5-13 所示,没有围合的公交站亭模型就是这样的一种顶棚式公交站亭。

图 5-13 顶棚式公交站亭设计

半封闭式:这种展厅的设计主要是面向前面的道路与公交车驶来方向不设阻隔,一般都是在背墙上应用顶棚,亭子的四个空间上最少要有一个面不设隔挡。如图 5-14 所示,地面和顶棚是必需的,而立面却可以自由地拆卸,且是相互独立的。

图 5-14 半封闭式公交站亭设计

开放式：开放式设计是在顶棚式的基础上进行的一种大胆创新，把顶棚去掉的一种公交站亭。这种站亭实际上只是保留了地面，其他的面设计成开放空间。这种站亭设计通常要有相对合适的气候环境。

2. 公交站亭设计原则

（1）要易识别。易识别就是在设计公交站亭时要能够充分考虑到它所具有的良好识别性，使人可以在较远的地方就能认出或从周围的景观中识别出，具有很好的对比性。

（2）可以提升周边的景观环境。公交车站亭的自身具有一定的体量感，所以会对周围的环境产生影响，因此，在对公交站亭设计时要考虑到它与周围景观的协调性，要么做到良好的统一，要么形成良好的对比，以此来提升景观的形象。

（3）空间、功能的划分要明确。公交车站亭设计需要十分注意空间的划分，尤其是对人流中动静空间的划分，同时，还应该注意公交亭的功能划分，包括对座椅、垃圾箱、导示牌的设计和关系的处理。

（4）要有可视性。实际上，可视性与易识别性是不同的，可视性主要是指在公交站亭内候车的人要有比较好的观察视角，需要明确的是，公交站亭的设计不可以牺牲候车人的视野。

（5）具有地域性特色。公交站亭设计不仅要具备相对齐备的功能，还要和当地的景观相协调，能体现出一个城市所具备的独特的地域文化。

综上所述，只有遵循上述中的原则，才会使公交站亭的设计更为人文化、更具协调性。

四、公共服务设施设计

（一）公共娱乐设施设计

公共娱乐设施主要是提供给儿童或成年人共同使用的娱乐

与游艺设施,这种设施可以满足广大群众的游玩、休闲需求,能够锻炼人的智力与体能,丰富广大群众的生活内容。这类设施一般多放置于公园、游乐场等环境中。

公共娱乐设施有两种类型:观览设施和娱乐设施。观览设施主要为游客观光提供便利,是辅助性质的娱乐设施,如缆车、单轨道车等;娱乐设施主要是为游客提供的娱乐性器械,如回转游乐设施等。在这里,我们主要讲述的是小型娱乐设施,如在公园中,可以依据游客的心理与生理特点,对设施的造型、尺度、色彩等综合设计。

公共娱乐设施的发展演变主要体现在儿童游戏设施上,这些设施将娱乐与场所环境相结合,如科技馆、生物馆、植物园等。把开发智力、开阔眼界相结合,充分体现出娱乐设施的综合功能以及处于特定环境条下的意义。

儿童类型的娱乐设施在娱乐设施的种类上所占比重较大,主要是沙坑、滑梯、秋千、跷跷板等多种组合型器材(见图5-15),这类公共设施顾及儿童戏的年龄、季节、时间性等,也可根据需要因地制宜进行创作。在材料的选用上,要尽量采用玻璃钢、PVC、充气橡胶等,以免人体在活动过程中发生碰伤。

图5-15　小区内的儿童娱乐设施

(二)售货亭设计

售货亭的最大功能是满足人们便利的购物需求,这种设施遍布在广场旁、旅游场所等公共空间，随着社会化发展，商业经济的不断增长以及人们日常生活的需求，这种服务亭设施也趋于完善。

首先，我们能够将它视作城市环境里的点，对于它的位置、体量的确定应该按照其使用目的、场景环境要求以及消费者群体的特征进行综合性的考虑。通常情况下，售货亭的体量都比较小，造型十分灵巧，特征也相对明确，分布较为普遍。

售货亭通常可分为固定式与流动式两种类型。

（1）固定式的售货亭多和小型的建筑特征、形式、大小比较类似，而且体量不大、分布十分广泛，便于识别（见图5-16）。

图5-16　公园固定式售货亭

（2）流动式售货亭多为小型货车，其优点是机动性较好，如手推车、摩托车或拖斗车等，如图5-17所示。外观的色彩十分鲜艳、造型也十分别致，展示销售商品服务的类型。

图5-17　流动式售货亭

自动售货也是一种公共售货服务设施，其特点是外形十分小巧、机动灵活、销售比较便利,使城市中公共场所的销售设施进一步发展与完善,满足了行人比较简单的需要。现在比较常见的投币式自动售货机主要销售香烟、饮料、冰淇淋、常见药品等,大多是箱状外形,配备了照明装置(见图5-18)。

图5-18　自动售货机

(三)垃圾桶设计

如今,现代城市生活节奏日益加快,人们的生活频率与高效率的办事方式对公共设施提出了更高的要求,基于此,人们对公共卫生设施的设计内容也变得更加具体、更加多样化,这些都很大程度上反映了现代城市生活环境卫生的提高,设施的广泛使用也促使城市卫生环境质量大幅度提升。现在城市公共卫生设施包括垃圾箱、公共卫生间、垃圾中转站等。这些设施的设计原则主要是强调生态平衡与环保意识,同时还要突出"以人为本"的设计理念,全面展示公共卫生设施在改善人们生活质量方面发挥的作用。

既然是公共垃圾箱,那么它们的主要作用就是收集公共场里被人们丢弃的各种各样的垃圾,这也有利于人们对垃圾的清理,以此来美化环境、促进生态和谐发展。公共垃圾桶主要设置于休息区、候车亭、旅游区等公共场所,可以单独存在实现功能,也可以和其他公共设施一道构成合理的设施结构。

1.普通型垃圾箱

普通型垃圾箱也叫"一般垃圾箱"，其高度通常是为50~60cm，在生活区里用的垃圾箱的体量一般较大，高度为90~100cm。日常生活中我们所见最多的垃圾箱结构形式为固定式、活动式以及依托式；其造型的方式主要有箱式、桶式、斗式、罐式等多种，垃圾箱的制作材料、造型色彩等也是需要考虑的因素，要做到和环境配搭，给人们一种卫生洁净的感觉。垃圾箱安装方式也很多，其中比较常见的有以下几种：

（1）固定式：垃圾箱与烟灰缸的主体设计大多使用不锈钢材质，削弱了箱体的体量，和环境融为一体（见图5-19）。

（2）活动式：活动意思是可移动，维护和更换比较方便，多用于人流与空间变化较大的场所（见图5-20）。

（3）依托式：这种箱体设计的体量通常比较轻巧，多依附于墙面、柱子或其他设施的界面，通常用于人流量比较大、空间又十分狭窄的场所（见图5-21）。

对于这类垃圾箱的设计也有一定的要求。第一是设计的造型要便于垃圾投放，主要强调实用性价值，投放口也要与实际相结合，尤其是在人流量比较大的活动场所，人们匆忙穿梭，经常会有将垃圾"抛"进垃圾箱的愿望。第二是垃圾箱的造型要便于垃圾的清理。垃圾清理的方式多种多样，通常使用的方式为可抽拉式。垃圾箱体有时还有密封性，主要是考虑其内部通风性与排水性。第三是要注意箱体的防雨防晒。这种方式一方面可采用造型特征加以解决，另一方面可通过使用的材质去实现。材料包括铁皮、硬制塑料、玻璃钢、釉陶、水泥等。第四是要根据场所来配置垃圾箱的数量与种类。如人流大的地区要多摆放些，这是因为这一地区的大量垃圾是纸袋，数量大，清理频繁。第五是要和环境做到协调统一。垃圾箱所具有的形态、色彩、材质等特征，应和周围的环境特征保持协调一致。

图 5-19　不锈钢垃圾桶　图 5-20　可移动垃圾桶图

5-21　柱式垃圾箱

2. 分类型垃圾箱

垃圾箱的分类与回收再利用是现代文明发展的充分体现在现代社会,人们对不同类型的垃圾有了越来越多的新认识。对垃圾分类应该变成现代人的一种生活习惯,这些年,国外一些比较发达的国家推行垃圾分类的情况较好;而在那些中等或不发达的国家里,这种意识的存在程度还较低,对垃圾进行分类是现代人改善生活环境与发展生态经济的重要方法之一。

城市的垃圾分类主要有下列几种。

可回收垃圾:如废纸、塑料、金属等。

不可回收垃圾:如果皮、剩饭菜等。

有害垃圾:如废电池、油漆、水银温度计、化妆品等。

分类垃圾箱的设计方法有多种，第一是采用色彩的效果加以分类。如绿色代表可回收垃圾；黄色代表不可回收垃圾；红色代表有害垃圾。实际上，当今世界范围内并没有严格的垃圾分类的统一色彩要求，只是各地的人们按照地方用色习惯来进行的设计（见图5-22）。

图5-22　颜色代表的垃圾箱回收类型

第二是采用应用标志，这也是垃圾分类的一个重要的方式。我们知道，单纯地采用文字来区分是有限的，所以加上色彩和图形的表示作用就能有效地将垃圾进行分类了（见图5-23）。

图5-23　垃圾箱上的标志

（四）公共饮水器设计

公共饮水器的主要功能是设置在公共场所内给人们提供卫生饮水的设施，这种设施在很多欧美国家都能看到，但在我国却不是太多。这种设施的设置需要人们有足够的文明意识，还要求城市的给排水设施要十分完善。在城市的公共区域如广场、休息场所、出入口等区域可以设置。

饮水器的设计主要有下列要求：

（1）通常在人口流量大、较集中的空间设置。

（2）通常使用石材、金属、陶瓷等多种材料。

（3）饮水器的造型可以采用相对单纯的几何形体，也可以采用组合形体，或者采用具有象征性的形式，做到既有功能设计又有外在视觉设计的结合。

（4）饮水器要有无障碍设计，其出水口的高度要有高低搭配设置，一般的使用高度是 100~110cm，但有一些比较低的是 60~70cm。

（5）饮水器和地面的接触铺装要有一定的渗水性。公共饮水机除了上述的安装场所之外，还可在市场、银行、医院等室内进行设置，便于人们饮用纯净水。纯净水的循环过程为：导水—出水—饮水—接水—下水—净水—回收再用。

（五）公共卫生间设计

公共卫生间的设置充分体现现代城市的文明发展程度，充分突出以人为本的理念。通常情况下，公共卫生间的设置多在广场、街道、车站、公园等地，在一些人口比较密集以及人流量较大的地区要依据实际情况来设定卫生间数量。它的造型设计、内部设备结构处理和管理质量，标志着一个城市的文明程度和经济水平。

公共卫生间的设计要遵循卫生、方便、经济、实用的原则，它是一种和人体有紧密接触的使用设施，因此它所具备的内部空间尺度也要符合人体工程学原理。

公共卫生间有固定式和临时式两种类型。固定式通常和小型的建筑形式相同；临时式则要按照实际需要加以设置，可以随时进行简易的拆除、移动。对于公共卫生间的设计有如下要求。

1. 与环境相协调

公共卫生间的设计要最大限度地和周围的环境协调统一，同时还要做到容易被人识别出来，但是也要避免太过突出。为了便于人们识别利用，可以结合标志或地面的铺装处理方式来加以引导（见图 5-24）。

图 5-24　与环境相协调的公共卫生间

2.设置表现方式

（1）为确保和环境相协调,在城市的主要广场、干道、休闲区域、商业街区等场所,常常采用和建筑物结合、地下或半地下的方式来设置。

（2）在公园、游览区、普通街道等场所,公共卫生间的设计往往会采用半地下、道路尽头或角落、侧面半遮挡、正面无遮挡的方式进行设置（见图 5-25）。

（3）场所中临时需要的活动式卫生间。

图 5-25　公园内的公共卫生间

3.安全配套设施

（1）活动范围内的安全考虑:主要有无障碍设计要求（如扶手位置、残疾人专用厕位等）、地面的防滑、避免尖锐的转角等。

（2）防范犯罪活动:厕所内的照明设施要加强、内部空间结构布置要简洁等。

（3）配套设施设计：卫生间内的配套设施要确保齐全与耐用，通常都是设置一些手纸盒、烟灰缸、垃圾桶、洗手盆、烘干机等，以满足使用者的需求。

（六）路盖设施设计

现代城市在持续发展，利用地下空间成为城市摆脱上空布满电线、管道等杂乱局面的有效方法。因此，对地下管道进行必要的路面盖具设计，对形成城市美好形象等方面起到特别重要的作用。

1.普通道路盖具

普通道路盖具的形状多是圆形、方形或格栅形，是水、电、煤气等管道检修口的面盖，使用的材料多是铸铁，但是现在的盖具设计也会和环境场景相结合，并配上合适的纹样图案让地面更具美感（见图5-26、图5-27）。

图 5-26　唐山市区内的井盖　　图 5-27　日本方形井盖

2.树箅

保护树木根部的树箅也是盖具的形式，树箅的功能是确保地面平整，减少水土流失，保护树木的根部。树箅的大小需要按照树木的高度、胸径、根系进行决定，在造型方面需要兼顾功能与美观两大方面，具有良好的渗水功能，同时还便于拆装。树箅通常使用石板、铁板等比较坚实的材料制作，色彩与造型也要和环境保持协调一致(见图 5-28)。

图 5-28　北京街头树蓖

（七）排气口设计

排气口的设计是由于城市建筑发展而出现的一种功能性比较强的公共设施，是布置在各个大型的建筑、地铁等场所的排气设备，其主要功能是把建筑内部的废气排出来。现在，设计师需要做的是在保证它基本功能的同时，改变之前其粗糙笨重的形象，让造型和环境进行完美的融合。其设计要求如下：

（1）形态色调要和周围的环境、建筑协调一致(见图 5-29)。

（2）从其造型、色彩方面着手，把它们变成环境景观的一个组成部分，并对其本身粗陋的形象进行减弱，从而表现出一定程度的艺术特色。

图 5-29　与环境融合一体的地下排气口

五、公共信息设施设计

（一）标志导向设计

标示性导向设施是公共设施中的一种,它运用相对合理的技术和创作手法,通过对实用性与效力性的研究,创造出一个能够满足人们行为与心理需求的视觉识别系统。

随着当今社会经济的快速发展,人们对安全意识尤为关注,在这种背景下,以引导人们安全出行为目的的标示性设施也逐步得到规范,其中最直接、最充分的公共信息设施是道路交通标志,它有很强的导向作用。另外,现代高速公路的标志导向系统也呈现出立体化、网络化的特征。这些基础设施能够传达出准确可靠的信息,确保城市环境更加安全,已经得到大众的广泛认可。

交通标志有很多种,其中最主要的包括警告标志、禁令标志、指示标志等,可以通过不同的图形与颜色的搭配来加以区分。

1. 地标设计

地标是一个城市中比较突出的建筑物,在空间中起着制高点的作用,是人们识别城市环境的重要标志。城市地标物,最突出的就是塔。塔的类型有很多,其中比较传统的有寺塔、钟楼等,现在的有电视塔。随着现代建筑技术水平的提高,塔的高度和规模也在持续提升,功能应用也变得更加多样。它涉及广播、广告、计时、通讯等众多的作用,成为城市象征的标志。此外,城市中的地表还有一些低的、具有浓厚历史韵味的建筑,如拱门(见图5-30)、雕塑、树木等,也可以作为地标物。

2. 导示牌设计

导示牌在设计上追求造型简洁、易读、易记、易识别。导示牌的功能不同、位置不同,则导示设计的形态尺度也会相应地不一样。导示系统能够在城市交通标志中最直接地体现出其重要性,

能够让外来人迅速地找到准确的目标位置,以此解决交通问题。通常情况下,导示系统标志常常设在下列场所:

（1）交通醒目的位置:如道路交叉口、道路绿化带旁。

（2）各种场所的入口处(见图5-31)。

（3）大型建筑的立面处。

（4）环境以及建筑的局部位置,如在楼梯缓步台、地面、车体等处。

图5-30　法国历史地标——凯旋门

图5-31　公园入口导示牌设计

（二）公共电话亭设计

公共电话亭的设置也是现代城市信息系统的一部分,满足人们的需要。虽然在现代化的都市里,手机已经成为普遍的通话工具,但是电话亭的设置仍然有必要,它是人们在进行信息联络的重要设施。公共电话亭的设计类型多种多样,从其本身的外在形式上有下列区别：

（1）隔音式：这种形式是在电话亭的四周采取封闭的界面加以布置，空间的围合感十分强，其具备良好的气候适应性以及隔音效果。

（2）半封闭／半开放式：这种形式的外形是不完全封闭的，但是从其整体的形式上看空间围合感仍然比较强，具备了一定的防护性与隔音性。

（3）开放式：这种形式主要依附在墙、支座等界面或支撑物上，几乎没有空间围合感，其隔音效果也不好，防护性比较低，但是这种设计的优点是外形十分轻巧，使用比较便捷。

当然，不管是何种形式，都要依据设施的环境与人们的使用频率来分类与安排。

（三）公共钟表设计

城市环境中，计时钟（塔）是传达信息的重要公共设施。这种设施可以表达出城市所具备的文化以及效率，通常是在城市的街道、公园、广场、车站等场所中进行布置。计时钟（塔）表示时间的方法有机械类、电子类、仿古类等（见图5-32）。

设计计时钟（塔）时有下列需要注意的事项：

（1）在位置上，计时钟的尺度有十分合适的高度与位置关系，造型在空间领域方面也要十分醒目。

（2）要和周围的环境有较好的互动关系，反映出这座城市的地域性，同时还要和整体环境相协调一致。

（3）计时钟的支撑结构与造型都要求十分完善，同时还要考虑到它的美观性。

（4）对计时钟要做好充足的防水性设计，要确保钟表足够牢固，同时还应该方便维护等。

计时钟（塔）很容易成为环境里的焦点，所以要在功能上和其他环境设施相结合。

（1）和雕塑、花坛、喷泉等结合，在时钟发挥计时功能的同时还体现出它的美感。

（2）要采用多种多样的艺术手法设计，同时还要和现代的新型材质结合，塑造出具有现代气息的计时设备。

（3）最好是体现传统文化与现代文化的结合，赋予其更多的文化内涵。

图 5-32　不同类型的计时钟

（四）广告与看板设计

1. 广告设计

在现代化城市中，广告是商品经济得以发展的必然结果，特别是在现代知识时代，商品、品牌的大力宣传、大众消费的普及以及销售的自助化发展，都在一定程度上促使广告得以快速的发展。

广告的发展要利用多种传播渠道，如电视、互联网、报刊、广播、灯光广告等，从城市的环境设计和景观的参与中来看，庞大的广告数量以及飞快的传递形式都对人民群众以及社会的变化产生了巨大的影响。在现代城市的公共环境中,室外广告是广告的主要表现形式,主要可分为表现内容与设置场所两大类。只从表现内容来看的话,室外广告可分下列内容:

(1)指示诱导广告。其主要形式有招牌、幌子等,内容为介绍经营性的广告,如产品介绍、展示橱窗等其他的广告形式,其中,宣传广告橱窗主要有壁面广告、悬挂广告、立地广告等。

(2)散置广告。主要形式包括广告塔、广告亭。

(3)风动广告。主要包括旗帜广告、气球广告、垂幡广告等。

(4)交通广告。主要包括车载流动广告、人身携带广告等。

在对广告设计时,要注意其设计要点:广告牌的尺度、取向、面幅、构造的方式等,要和它所依附的建筑物进行良好的关系处理,同时还要充分考虑到主体建筑的性质与建筑的特点,使之互相映衬,形成良好的配合。

在进行广告牌设置的时候还要注意不同时间的效果,如白天的印象与夜晚的照明效果(见图5-33),单体和群体的景观效应等。

最后需要注意的是,在设置广告牌的时候一定要符合道路与环境的规划以及相关的法律法规,还要考虑到广告牌的朝向、风雨、安全等多方面的因素。

图5-33　白天和夜晚对比的室外广告牌设计

2. 看板设计

所谓看板,就是指人们通过版面阅读,获得各种信息的有效途径。这也是信息传播的一种有效设施,在城市环境中这种设施多放置在路口、街道、广场、小区等公共的场所,提供给人们各种新闻与社会信息。

看板其实是对告示板与宣传栏的总称,它的作用主要是传达工作时间、声明告示、社会信息等(见图5-34)。近年来,在城市的街头出现了一种电脑询问设备,同时还设置了一种大型的电视显示屏、电子展示板,等等。

图 5-34　看板信息展示

根据看板的面幅与长度,可以把看板分为牌、板、栏、廊四类。其中最小的叫牌,通常边长要小于0.6m;边长为1m或超过1m的板面也常称为板;较长的为栏,最长的则为廊。

看板设计和广告、标志有直接的关联,但是也有一定的特殊性。设计看板时,首先要明确看板将要设置的地点,其中主要是以街头、桥头、广场的出入口最佳,不但要方便人们发现与观看,而且也没必要让它在环境中过于醒目。

其次,看板所用的材料、色彩等多个方面也要考虑和周围的场所与环境的一致性,同时还应该考虑更换内容、灯光照明、设施维护、防水处理等方面的问题。看板在具有传递信息的同时,还扮演着装饰、导向和划分空间的角色,由此可知,看板的造型需要具有一定的审美功能。

看板的设计最好要有一定的雕塑感,同时还可以与计时装置、照明、亭廊等建筑之间进行有机的结合。

第六章 室内环境设计与生态化研究

在倡导生态和谐社会的今天,人们对于自己赖以生存的室内环境提出更多节能和改善居住环境的绿色要求和理念。要想使人类生活、居住的室内环境体现出空间环境、生态环境、文化环境、景观环境、社交环境、健身环境等多重环境的整合效应,使人居环境品质更加舒适、优美、洁净,就必须抓住生态化的设计要素,并有效运用各种设计要素。

第一节 室内环境简析

一、室内环境的基本概念

室内环境是一个四维时空概念,它是围绕建筑物内部空间而进行的环境艺术设计,从属于环境艺术设计范畴。室内设计是一门综合性学科,它所涉及的范围非常广泛,包括声学、力学、光学、美学、哲学、心理学和色彩学等知识。

室内设计所创造的空间环境既能满足相应的功能要求,同时也反映了历史文脉、建筑风格、环境气氛等精神因素。现代室内设计是综合的室内环境设计,它包括视觉环境和工程技术方面的问题,也包括声、光、热等物理环境及氛围、意境等心理环境和文化内涵等内容。

室内设计是为了满足人们生活、工作的物质要求和精神要求所进行的理想的内部环境设计,是空间环境设计系统中与人的关系最为直接、最为密切和最为重要的方面。室内设计的要素体现在功能、技术、生产、美学等方面,它具有如下鲜明的特点。

（一）强调"以人为本"的宗旨

室内设计是根据空间使用性质和所处的环境,运用物质技术手段,创造出功能合理、舒适美观、符合人的生理和心理要求的理想场所的空间设计,旨在使人们在生活、居住、工作的室内环境空间中得到心理、视觉上的和谐与满足。为了满足人们在室内的身心健康和综合处理人与环境、人际交往等关系的需求,设计师在进行室内设计之前就必须对人的生理、心理等有一个科学的、充分的了解,以创造一个满足人们多元化物质和精神需求的舒适美观的室内环境。

（二）工程技术与艺术相结合

室内设计是一门技术与艺术相结合的科学,因而工程技术和艺术创造在室内设计中都应该被强调。在科技不断发展的当今,人们的审美观念随着价值观的转变也有了极大的改变。这带动了室内设计材料的更新以及设计灵感的涌现。只有将物质技术手段的设计素材和艺术手法的设计灵感结合起来,才能创造出富有表现力和感染力的室内空间环境。

（三）可持续发展性

生态意识是当前非常强劲的一股设计思潮,从本质上讲,它也是一种方法论,反映出人与包括人、物和社会在内的大环境的态度,着眼于人与自然的生态平衡关系,强调人与自然的协调发展。室内环境设计的生态意识,要点就在于人生存于室内的可持续发展。生态意识贯穿于室内设计的整个过程,就要求舍内设计的所有程序,需要从设计定位、材料计划、施工组织等各方面都应该以生态、可持续发展为前提。

二、室内环境的构成

室内设计是一门专业涵盖面很广,综合性很强的学科。现代室内环境设计是一项综合性的系统工程。室内设计与室内装饰不是同一含义,室内设计是个大概念,是时间艺术和空间艺术两者综合的时空艺术整体形式,而室内装饰只是其中的一个方面,仅指对空间围护而进行装点修饰。因此,从构成内容上说,室内设计应包括以下四大方面。

（一）室内空间设计

室内空间设计,就是运用空间限定的各种手法进行空间形态的塑造,是对墙、顶和地六面体或多面体空间形式进行合理分割。室内空间设计是对建筑的内部空间进行处理,目的是按照实际功能的要求,进一步调整空间的尺度和比例关系。

（二）室内装修设计

室内装修设计是指对建筑物空间围合实体的界面进行修饰、处理,按空间处理要求,采用不同的装饰材料,按照设计意图对各个空间界面构件进行处理。室内装修设计采用各类物质材料、技术手段和美学原理,既能提高建筑的使用功能,营造建筑的艺术效果,又起到保护建筑物作用的工艺技术设计。

室内装修设计的内容主要包括以下四个方面。

一是天棚装修,又称“顶棚”或“天花”的装修设计,起一定的装饰、光线反射作用,具有保湿、隔热、隔音的效果,比如家居展示大厅中顶棚的立体化装修设计,既有装饰效果又有物理功能。

二是隔断装修,是垂直分隔室内空间的非承重构件装置,一般采用轻质材料,如胶合板、金属皮、磨砂玻璃、钙塑板、石膏板、木料和金属构件等制作。

三是墙面装修,既为保护墙体结构,又为满足使用和审美要求而对墙体表面进行装饰处理。

四是地面装修,常用水泥砂浆抹面,用水磨石、地砖、石料、塑料、木地板等对地面基层进行的饰面处理。另外,门窗、梁柱等也在装修设计范畴内。

（三）室内物理环境设计

室内物理环境设计,包括对室内的总体感受、上下水、采暖、通风、温湿调节等系统方面的处理和设计,也属室内装修设计的设备设施范围。随着科技的不断发展及对生活环境质量要求的不断提高,室内物理环境设计已成为现代室内设计中极为重要的环节。

（四）室内装饰、陈设设计

室内装饰、陈设设计,主要是针对室内的功能要求、艺术风格的定位,是对建筑物内部各表面造型、色彩、用料的设计和加工,包括对室内家具、照明灯具、装饰织物、陈设艺术品、门窗及绿化盆景的设计配置。室内物品陈设属于装饰范围,包括艺术品（如壁画、壁挂、雕塑和装饰工艺品陈列等）、灯具、绿化等方面。

（五）各部分构成总结

在室内设计的以上构成中,空间设计属虚体设计；装修与装饰、陈设设计属实体设计。实体设计归纳起来就是对地面、楼面、墙体或隔断、门窗、天花、梁柱、楼梯、台阶、围栏（扶手）以及接口与过渡等的设计,实体设计还包括对照明、通风、采光以及家具和其他设备的设计。空间设计就是厅堂、内房、平台、楼阁、亭榭、走廊、庭院、天井等多方面的发生在虚空之间的设计。不管是实体或虚体,都要求能为人们使用时提供良好的生理和心理环境,这是保证生产和生活的必要条件。

三、室内环境的设计原则

室内外环境设计是建筑设计的深化,是绿色建筑设计中的重要组成部分。绿色建筑的核心理念是"以人为本",是人们对于绿色建筑的本质追求。在室内外环境设计中,我们必须一切围绕着人们更高的需求来进行设计,这就包括物质需求和精神需求。

具体的室内外环境设计要素主要包括:对建造所用材料的控制、对室内有害物质的控制、对室内热环境的控制、对建筑室内隔声的设计、对室内采光与照明的设计、对室外绿地的设计要求等。

（一）全面合理性

1. 合理布局空间

合理组织、布局室内空间,以最大限度地满足通风和自然采光等要求,从而创造出适合人居住的物理环境,对于室内环境设计至关重要。设计师在对室内环境进行设计的时候,应尽量避免仅针对表面装饰形式、色彩和材料的效果作推敲,还应该对室内自然生态设计的力度进行提升。室内环境也应该有动静、干湿之分,设计师应对这种区分加以强调,以减少空间之间的相互干扰,从而加大空间布局的实用性。在设计室内环境时,可以选用植物来代替家具划分空间,这样不仅可以减少家具造成的生硬和呆板,增加室内的生命力,还可以净化空气、令人赏心悦目。这就要求设计师在室内设计时,需要考虑到室内功能、形式和技术的总体协调性,以进行全面合理的布局。

2. 控制建筑材料

用传统的建筑材料建造建筑,不仅会耗费大量自然资源,还会导致许多环境问题的产生。随着人们环保意识的提高,人们对建筑材料增加了降低自然资源消耗和打造健康舒适的空间两个考虑。

对于我们生活的环境,我们提出节能环保和可持续发展的口号。和人造材料相比,天然材料含有较少的有毒物质,并且更加节能。

3. 控制有害物质

随着现代生活节奏的加快和环境质量的降低,长期在室内生活和工作的人身体健康受到很大威胁。因而,减少有害物质在建筑中的使用,对于提高人们的生活质量和健康指数有着十分重大的意义。

室内环境质量受到多方面的影响和污染,其污染物质的种类大致可以分为包括噪声、光辐射、电磁辐射、放射性污染等在内的物理性污染,包括建筑装饰装修材料及家具制品中释放甲醛、苯、氡、氨等危害气体的化学性污染,包括来自地毯、毛毯、木制品及结构主体等中的螨虫、白蚁、细菌等在内的生物性污染这三大污染类型。绿色建筑在设计中对污染源要进行控制,尽量使用国家认证的环保型材料,提倡合理使用自然通风,并设置污染监测系统。在确保建筑物室内空气质量达到人体所需健康标准的同时,节省更多的能源。此外,还可以采用室内污染监控系统对室内空气质量进行监测,监测设备可采用室内空气检测仪。

我们现在所说的"绿色环保材料",是指以环境和保护环境为核心概念而设计生产的无毒、无害、无污染的材料。这些材料不仅无毒气散发、无刺激性、无放射性、二氧化碳含量低的材料。由于传统的室内更新出来的材料自然降解和转换的能力非常低,资料不可再生和再利用,因而需要加大绿色环保型室内装修材料的清洁生产力度和产品生态化。在科技不断发展的当下,这是所有室内装修材料乃至建筑材料的发展方向,也是室内设计的重要内容。

4. 室内热环境

室内热环境又称"室内气候",由室内空气温度、空气湿度、气流和热辐射四种参数综合形成。舒适的室内环境有利于人的身心健康,进而可提高学习、工作效率,而不舒适的室内环境不仅会影响人的情绪,还会因不适而引发疾病。适宜的室内热环境是指室内适当,使人体易于保持热平衡从而感到舒适的室内环境条件。在进行绿色建筑设计时,必须注意空气温度、湿度、气流速度以及环境热辐射对建筑室内的影响。对于室内热环境可用专门的仪器进行监控。

5. 隔音设计

噪声的危害是多方面的,如可引起耳部不适、降低工作效率、损害心血管、引起神经系统紊乱,严重的甚至影响听力和视力等,必须引起足够的重视。随着现代城市的不断发展,城市建筑物越来越密集,噪声源越来越多,人们对于高强度轻质材料更加偏爱。这就需要人们对建筑室内隔声的问题多加予以考虑。对建筑物进行有效的隔声防护措施,除了要考虑建筑物内人们活动所引起的声音干扰外,还要考虑建筑物外交通运输、工商业活动等噪声传入所造成的干扰。建筑隔声设计的内容主要包括选定合适隔声量、采取合理的布局、采用隔声结构和材料、采取有效的隔振措施。

6. 采光与照明

室内照明是室内设计的重要组成部分之一,在设计之初就应该加以考虑。室内设计中的光可以形成空间、改变空间或者破坏空间,它直接影响到人对物体大小、形状、质地和色彩的感知。室内采光主要有自然光源和人工光源两种。然而天然采光的变化性因素比较多,其不稳定性导致其达不到室内照明的均匀度。要想改善室内光照的均匀性和稳定性,就需要在引进自然光线的同时,在建筑的高窗位置采取反光板、折光棱镜玻璃等措施进行弥补。

7. 室内绿化

对于室内绿化而言,如何合理有效地促进室内绿化设计,改善室内生态和景观,保证室内空间符合适用、经济、安全、健康、环保、美观、防护等基本要求,确保绿色建筑室内绿化设计质量,这些问题的解决,都需要贯彻人与自然和谐共存、可持续发展、经济合理等基本原则,创造良好生态和景观效果,协调并促进人的身心健康。

(二)健康舒适性

真正的绿色建筑不仅应亲近、关爱与呵护人与建筑物所处的自然生态环境,追求自然、建筑和人三者之间和谐统一,还要能够提供舒适而又安全的室内环境。

1.利用大环境资源

在进行绿色建筑的规划设计时,要合理利用大环境资源和充分节约能源。真正的绿色建筑要实现资源的循环,要改变单向的灭失性的资源利用方式,尽量加以回收利用;要实现资源的优化合理配置,应该依靠梯度消费,减少空置资源,抑制过度消费,做到物显所值、物尽其用。对于绿色建筑的规划设计,主要从全面系统地进行绿色建筑的规划设计、创新利用能源、尽可能维持建筑原有场地地形地貌以免破坏生态环境景观、选择安全的建设地点这四个方面进行重点考虑。

2.完善的生活配套设施体系

当今时代,绿色住宅建筑生态环境的问题已得到高度重视,人们更加渴望回归自然,使人与自然能够和谐相处,生态文化型住宅正是在满足人们物质生活的基础上,更加关注人们的精神需要和生活方便,要求住宅具有完善的生活配套设施体系,因此,着眼于环境,追求生存空间的生态和文化环境的第五代住宅便应运而生。

3.多样化住宅户型

根据我国城乡居民的基本情况,住宅应针对不同经济收入、结构类型、生活模式、不同职业、文化层次、社会地位的家庭提供相应的住宅套型。同时,从尊重人性出发,对某些家庭(如老龄人和残疾人)还需提供特殊的套型,设计时应考虑无障碍设施等。当老龄人集居时,还应提供医务、文化活动、就餐以及急救等服务性设施。

4.多样化和适应性强的建筑功能

所谓建筑功能,是指建筑在物质方面和精神方面的具体使用要求,也是人们设计和建造建筑所要达到的目的。不同的功能要求产生了不同的建筑类型,如工厂为了生产,住宅为了居住、生活和休息,学校为了学习,影剧院为了文化娱乐,商店为了商品交易,等等。随着社会的不断发展和物质文化生活水平的提高,建筑功能将日益复杂化、多样化和适应性。

绿色建筑功能的多样化和适应性主要表现在要求住宅的功能分区要合理,住宅小区的规划设计要科学等方面。

(三)安全可靠性

绿色建筑的安全性是指建筑工程建成后在使用过程中保证结构安全、保证人身和环境免受危害的程度;绿色建筑的可靠性是指建筑工程在规定的时间内和条件下完成规定功能的能力。适用、耐久、安全、可靠是人们设计和选择适用建筑的重要参考元素。因而,安全性和可靠性是绿色建筑工程最基本的特征,其实质是以人为本,对人的安全和健康负责。

1.选址安全

洪灾、泥石流等自然灾害不仅对建筑物的毁坏十分巨大,对人们的生命财产安全的威胁也不容小觑。此外,有毒气体和电磁波对于人体的不良影响也应该引起重视。为此,建筑在选址的过程中必须首先考虑到现状基地上的情况,最好仔细查看历史上相当长一段时间的情况,有无地质灾害的发生;其次,经过实勘测地质条件,准确评价适合的建筑高度。总而言之,绿色建筑选址必须符合国家相关的安全规定。

2. 建筑安全

一般来说，建筑结构必须能够承受在正常施工和使用时可能出现的各种作用，且在偶发事件中，仍能保持必需的整体稳定性。建筑结构安全直接影响建筑物的安全，结构不安全会导致墙体开裂、构件破坏、建筑物倾斜等，严重时甚至发生倒塌事故。因此，在进行建筑工程设计时，应注意采用以下确保建筑安全的设计措施。除了应保证人员和建筑结构的安全以及结构功能的正常运行，还应保证建筑结构有修复的可能，即绿色建筑应遵守"强度""功能"和"可修复"三条原则。

3. 运营安全

建筑工程在运营的过程中会出现许多无可避免的问题，如建筑本体损害、线路老化、排放有害气体等。因此，要采取各种可靠性保障措施以保证绿色建筑工程在运营过程中的绿色与安全。

（四）耐久适用性

在其结构的设计使用年限内仍能保持正常设计、正常施工、正常使用和正常维护，以及结构的安全性、适用性和耐久性，是人们对于现代绿色建筑设计所提出的要求。

耐久适用性是对绿色建筑工程最基本的要求之一。耐久性是材料抵抗自身和自然环境双重因素长期破坏作用的能力，绿色建筑工程的耐久性是指在正常运行维护和不需要进行大修的条件下，绿色建筑物的使用寿命满足一定的设计使用年限要求，并且不发生严重的风化、老化、衰减、失真、腐蚀和锈蚀等。适用性是指结构在正常使用条件下能满足预定使用功能要求的能力；绿色建筑工程的适用性是指在正常运行维护和不需要进行大修的条件下，绿色建筑物的功能和工作性能满足建造时的设计年限的使用要求等。

而绿色建筑的耐久性和适用性则对其提出诸如建筑材料应可循环使用、充分利用尚可使用的旧建筑等多方面的要求。

（五）节约环保性

绿色建筑的基本特征之一是节能环保,这个节能环保的概念是包括用地、用能、用水、用材等的节约多方面在内的多方位、全过程的概念。

用地方面,要加强对城市建设项目用地的科学管理,在项目的前期工作中采取各种有效措施对城市建设用地进行合理控制;在节能方面,一方面要节约,如提高供暖系统的效率和减少建筑本身所散失的能源,另一方面要开发利用新的能源;节水方面,要开源节流,对城市排水系统进行合理的规划和设计,采用相应的工程措施,对雨水等水资源进行收集和再利用。

清洁能源不仅可以满足能源使用的可持续性,又不会对环境产生危害。到目前为止,太阳能是运用最为广泛的清洁能源,阳光温室技术的前景也十分广泛。由于太阳能是一种清洁的可再生能源,因而,开发利用室内太阳能资源具有十分重要的意义。室内太阳能可用于太阳灶、太阳能热水器等,不仅不会危害到室内环境,还可以为室内增加洁净而舒适的环境气氛,从而间接地实现节能和营造室内环境两者之间的良性互动关系。①

在节约能源方面,室内设计可以尽量采用自然光来照明,以减少电能消耗。同时,还可以采用诱导式构造技术以解决室内自然通风问题,从而更新室内空气。

（六）绿色文明性

绿色文明包括绿色生产、生活、工作和消费方式,绿色建筑文明则倡导保护生态环境和利用绿色能源。其中,绿色能源不仅包括太阳能、风能、水能、生物能等可再生能源,也包括秸秆、垃圾能可以变废为宝的新型能源。

①　王传霞.室内空间中的生态化设计 [J].科体论坛.2009,（4）.

（七）综合整体创新性

绿色建筑的综合整体创新设计，是指将建筑科技创新、建筑概念创新、建筑材料创新与周边环境结合在一起进行设计。重点在于建筑科技创新，利用科学技术的手段，在可持续发展的前提下，满足人类日益发展的使用需求，同时与环境和谐共处，利用一切手法和技术，使建筑满足健康舒适、安全可靠、耐久适用、节约环保、自然和谐和低耗高效等特点。

由此可见，发展绿色建筑必然伴随着一系列前所未有的综合整体创新设计活动。绿色建筑在中国的兴起，既是形势所迫，顺应世界经济增长方式转变潮流的重要战略转型，又是应运而生，是我国建立创新型国家的必然组成部分。

四、室内设计与人体测量学

人体测量学（anthropometry）是人类学的一个分支学科，主要是用测量和观察的方法来描述人类的体质特征状况，从而研究人体尺度与设计制作之间的关系。人体测量学主要包括人体的静态测量和动态测量。

（一）人体静态测量

人体静态测量，是指测量人体在静止和正常体态时各部分的尺寸，在设计时可参照我国成年人人体平均尺寸（见图6-1）。由于年龄、地区、时代的不同，人体尺度也不尽相同，设计者应根据设计对象的不同而综合考虑，如为残疾人提供的设施要参照残疾人的尺寸进行设计（见图6-2）。

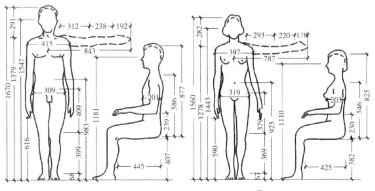

图 6-1　静态人体尺度[1]

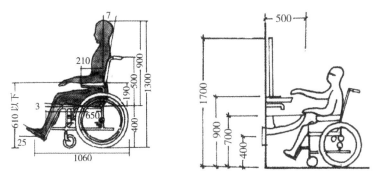

图 6-2　残疾人洗脸台高度和设置方式

　　另外,设计中采用的人体尺寸并非都取平均数,应视具体情况在一定幅度内取值,并注意尺寸修正量(见图 6-3)。

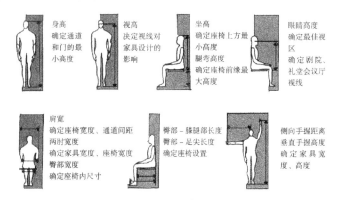

图 6-3　身体尺度

[1]　图 6-1 至图 6-16 转引自冯美宇《建筑设计原理》(武汉理工大学出版社,2007)。

（二）人体动态测量

人体动态测量，是指测量人体在进行某种功能活动时肢体所能达到的空间范围尺度。由于行为目的不同，人体活动状态也不同，故测得的各功能尺寸也不同。人的各种姿态对建筑细部设计都有决定性的影响作用，如立姿活动范围对建筑细部的影响（见图6-4至图6-7）。

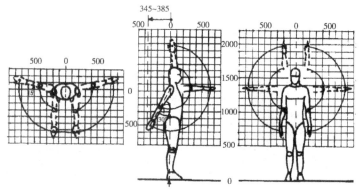

图6-4　立姿活动范围

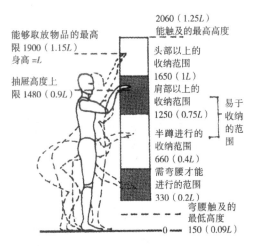

图6-5　收纳架的尺寸

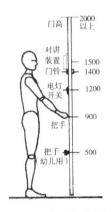 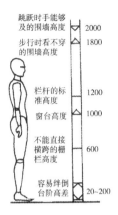

图 6-6　门周边的尺寸　　图 6-7　围墙与栅栏的尺寸

坐姿的活动范围直接影响着人们就座状态下的工作与生活（见图 6-8）。例如,椅子是"人体的家具",椅面的高度以及靠背的角度等功能尺寸对使用者是否合适,十分重要。

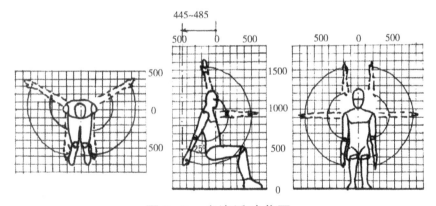

图 6-8　坐姿活动范围

（三）人体测量学在室内设计中的应用

通过人体测量,确定人体的各部位标准尺寸（如头面部标准系列和体型标准系列）,可以为国防、工业、医疗卫生和体育部门提供参考数据。同样,人体测量学也给建筑设计提供了大量的科学依据,它有助于确定合理的家具尺寸,增强室内空间设计的科学性,有利于合理地选择建筑设备和确定房屋的构造做法,对建筑艺术真、善、美的统一起到了不可或缺的作用。

1. 阶梯座位设计中的应用

如图 6-9 所示,确定阶梯的高度 I 和前后排座位的间距 H,就必须使后排就座者观看黑板(或荧幕、舞台)的视线不被前排就座者的头顶挡住,其受到多种因素的制约:D 值约为 120mm;I 值由 A、B、C、D 数值及视线计算等综合决定;H 等于 E、F、G 之和。

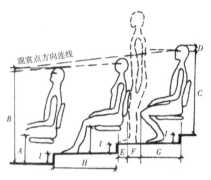

图 6-9　阶梯教室的视线分析

2. 家具设备布置中的应用

房间面积、平面形状和尺寸的确定在很大程度上受到家具尺寸、布置方式及数量的制约和影响,而家具的具体尺寸及布置又受到人体测量基础数据的制约和影响。

以住宅设计中的卧室为例,在确定平面尺寸时,应首先考虑最大的家具——床的布置,并使其具有灵活性,以适应不同住户的要求,而床的尺寸又受人体尺寸的直接影响。当床长边平行开间布置时,床长 2m,床头板厚约 0.05m,门宽 0.9m,床距门洞 0.12m,考虑模数协调的要求和墙体的厚度,所以开间尺寸不宜小于 3.3m;进深尺寸考虑有沿进深方向纵向布置两个床的可能,故不宜小于 4.5m,如图 6-10 所示。

以卫生间设计为例,设计中应保证使用设备时人活动所需的基本尺寸,并据此确定设备的布置方式及隔间的尺寸(见图 6-11)。特别是供残疾人使用的专用卫生间,人体测量基础数据的参考应用显得尤为重要,如图 6-12 所示浴室的安全抓杆和图 6-13 所示考虑残疾人使用的专用卫生间。

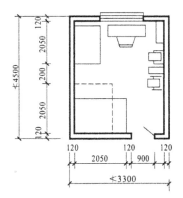

图 6-10 家具布置与平面尺寸的关系

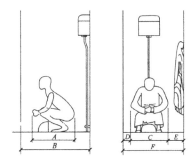

图 6-11 卫生间设备布置与隔间尺寸

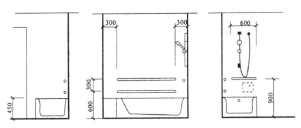

图 6-12 浴室的安全抓杆

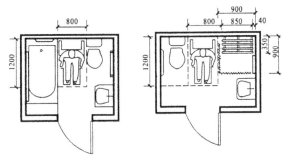

图 6-13 残疾人专用卫生间

3.门和走道中的应用

门的最小宽度受人体动态尺寸的制约和影响，一般单股人流最小宽度为 0.55m，加上人行走时身体的摆幅 0 ~ 0.15m 以及携带物品等因素，因此门的最小宽度不小于 0.7m，如图 6-14 所示。

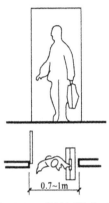

图 6-14　门的最小宽度

走道、楼梯梯段和休息平台最小宽度的确定同样离不开人体的动态尺寸。单股人流宽度为 0.55 ~ 0.7m，双股人流通行宽度为 1.1 ~ 1.4m，根据可能产生的人流股数，便可推算出各自所需的最小净宽，而且还应符合单项建筑规范的规定，如图 6-15 和图 6-16 所示。

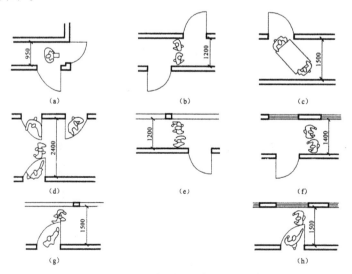

图 6-15　走道上的最小宽度

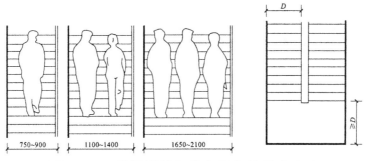

图 6-16　楼梯梯段和休息平台的最小宽度

4. 栏杆、扶手、踏步等要素中的应用

建筑中诸如栏杆、扶手、踏步等一些要素，为适应功能要求，基本上保持恒定不变的大小和高度，这些常数的确定往往也受人体测量学的直接影响。建筑艺术要求真、善、美统一。著名建筑师柯布西耶研究了人的各部分尺度，认为它符合黄金分割等数学规律，从人体绝对尺度出发制定了两列级数，从而建立了模数制，并应用于建筑设计中，进一步把比例与尺度、技术与美学统一起来考虑。这一部分内容将在建筑形式美的规律中详述，在此不再赘述。

在运用人体基本尺度时，除了要考虑到地域、年龄等差别外，还应注意以下几点：

（1）设计中采用的身高并非都取平均数，应视具体情况在一定幅度内取值，并注意尺寸修正量。功能修正量主要考虑人穿衣着鞋及操作姿势等引起的人体尺寸变化；心理修正量主要考虑为了消除空间压抑感、恐惧感或为了美观等心理因素而引起的尺寸变化。

（2）近年来对我国部分城市青少年调查表明，其平均身高有增长的趋势，所以在使用原有资料数据时应与现状调查结合起来。2002 年一份文献指出，教育部、卫生部联合调查显示，1995—2002 年的 7 年间，我国 12 ~ 17 岁的青少年男子身高增高 69mm，女子身高增高 55mm。由此可见，设计中若用到青少年人体尺寸的数据,尤其要注意该数据由来的年代。

（3）针对特殊使用对象(运动员、残疾人等),人体尺度的选择也应作调整。

环境生理学的主要内容是研究各种工作环境、生活环境对人的影响,以及人体做出的生理反应。人类能认识世界,改造环境,首先是依靠人的感觉系统,由此才可能实现人与环境的交互作用。与建筑环境直接作用的主要感官是眼、耳、身及由此而产生的视觉、听觉和触觉,另外还有平衡系统产生的运动觉等履行着人们探索世界的许多任务。本节重点介绍了与建筑设计关系较密切的室内环境要素参数和人的视觉、听觉机能。

第二节　室内细部设计与生态化

一、顶棚、墙面与地面生态化设计

（一）顶棚生态化设计

1.顶棚装修设计

顶棚在人的上方,它对空间的影响较为显著,一般材料选用石膏板、金属板、铝塑板等,在设计时应考虑到顶棚上的通风、电路、灯具、空调、烟感、喷淋等设施,还应根据空间或设施的构造需要,在层次上作错落有致的变化,以丰富空间、协调室内空间环境气氛。

（1）纸面石膏板吊顶

纸面石膏板吊顶是由纸面石膏板和轻钢龙骨系列配件组成,具有质轻、高强度、防火、隔音、隔热等性能,有便于安装、施工速度快、施工工期短等特点,适合不同空间,并能制作多种造型。

图 6-17　纸面石膏板吊顶

（2）石膏角线

石膏角线位于顶棚与墙的交界处,也称为"阴角",由于阴角处一般在施工中很难处理好,故用石膏角线来弥补阴角的缺陷,起到美化空间的作用。根据设计的需要,石膏角线后边可以隐藏一些电线,将形式和功能结合得天衣无缝,同时角线也可以做成木质的。然而,并不是所有房间均适合用角线,在设计时要根据房间的风格形式来决定是否选用。

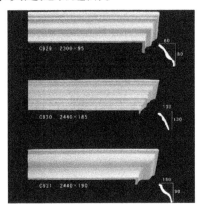

图 6-18　石膏脚线（单位：mm）

2.屋面保温隔热技术

屋面节能形式主要有保温屋面、种植屋面、蓄水屋面、通风屋面或组合节能屋面等。从节能角度,屋面保温主要是为了降低寒冷地区和夏热冬冷地区顶层房屋的采暖耗热量,并改善其冬季热环境质量。屋面隔热是为了降低夏热冬暖和夏热冬冷地区顶层房屋的自然室温,从而减少其空调能耗。

（1）实体材料层保温隔热屋面

保温屋面指的是选择适当的保温绝热材料并通过一定的构造方法将其设置在建筑屋面，用于改善建筑顶层空间的热工状况，实现提高室内热舒适、节约建筑能耗的目的。

一般情况下，屋面保温设计应兼顾冬季保温和夏季隔热，选取重量轻、力学性能好、传热系数小的材料。如需提高保温隔热性能，可以加大保温层厚度，也可以选择传热系数更小、保温性能更高的保温材料。另外，为增加室内的热稳定性，减少温度波动，应适当提高屋面结构材料的热惰性（蓄热性能）。应该注意的是，保温材料受潮后其绝热性能会下降，因此需要屋面的保温层内不产生冷凝水。

（2）通风屋面

通风屋面是指在屋顶上设置通风层（架空通风层、阁楼通风层等），通过通风层的空气流动带走太阳辐射热量和室内对楼板的传热，从而降低屋顶内表面温度。

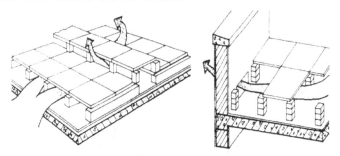

图 6-19　通风屋面构造示意图

通风屋面有架空通风屋面和阁楼屋面两种形式。

①架空通风屋面。架空通风屋面是在建筑屋顶上设置格栅（遮阳格片）或屋面板形成架空层，可以起到导风和遮阳的作用。屋顶遮阳格片可以根据太阳在不同季节、不同时段的运行轨迹做成不同的角度，实现对太阳辐射量的调控。

②阁楼屋面。在夏季，阁楼层的通风口打开，通过自然通风降低顶层室内温度。在冬季，阁楼层的通风口关闭，通过阁楼层空间内的气密性提高保温性能。

（二）墙面生态化设计

1.墙面装修设计

（1）玻璃墙面

玻璃表面具有不同的变化,如色彩、磨边处理,同时玻璃又是一种容易破裂的材料,如何固定与放置是需要特别设计的。玻璃具有极佳的隔离效果,同时它能营造出一种视觉的穿透感,无形中将空间变大,对于一些采光不佳的空间,利用玻璃墙面能达到良好的采光效果。

图 6-20　玻璃墙面造型

（2）壁纸墙面

这是一种能使墙变得漂亮的方法,因为壁纸的颜色、图案、材料多种多样,可任意选择,而且如今的壁纸更耐久,甚至可以水洗。壁纸主要有以下几种。

①纸基壁纸。纸基壁纸是最早的壁纸之一,纸面可印图案或压花,基底透气性好,不易变色、鼓包。这种壁纸比较便宜,但性能差,不耐水、不能清洗、易断裂、不便于施工。

②织物壁纸。织物壁纸是用丝、羊毛、棉、麻等纤维织成的壁纸,用这种壁纸装饰的环境给人以高雅、柔软和舒适之感。

③天然材料壁纸。天然材料壁纸是用皮革、麻、木材、树叶、草等为原料制成的壁纸,也有用珍贵木材切成薄片制成的壁纸,其特点是风格淳朴、自然。

④仿真塑料壁纸。仿真塑料壁纸是以塑料为原料，模仿砖、石、木材等天然材料的纹样和质感制成的壁纸。

图 6-21　壁纸墙面造型

（3）镜子墙面

用镜子将对面墙上的景物反映过来，或者利用镜子造成多次的景物重叠所构成的画面，既能扩大空间，又能给人提供新鲜的视觉印象，若两面镜子相对，镜面相互成像，则视觉效果更加奇特。

图 6-22　镜子墙面造型

（4）面砖墙面

由于面砖具有耐热、防水和易清洗的特点，它理所当然地成为厨房、浴室必不可少的装饰材料。长期以来，人们在使用面砖时只注重强调其实用性，而目前可供选择的面砖比以往面砖有极大的改观，花色品种多种多样。在铺装时也可采用不规则的形状或斜向的排列，构成一幅独具风味的艺术拼贴画。

图 6-23　面砖墙面造型

（5）黑板墙面

用黑板作墙面装饰能同时具有两种功效：一种是具有实用功能，可以在它上面写留言和提醒语，供孩子涂鸦等；另一种是白色粉笔的图形文字，同时还具有装饰作用，所以在环境中适当放置部分黑板墙面能给日常生活提供一个富于创造性的背景。

图 6-24　黑板墙面造型

（6）织物软包墙面

纺织品具有吸湿、隔音、保暖、富于弹性等优点，缺点是不耐脏，贴上墙后不易清洗。毛麻、丝绒、锦缎、皮革装饰的墙面华贵典雅，这类高级织物的装修一般是在胶合板上裱贴一层10～20mm厚的塑料泡沫，再将织物包贴于其上，按照设计要求，分块拼装于墙面。

图 6-25　织物软包墙面

（7）金属薄板墙面

用铝、铜、铝合金和不锈钢等金属薄板装修墙面，不仅坚固耐用、美观新颖，而且具有强烈的时代感。金属薄板的表面可为搪瓷、烤漆、喷漆或电镀。金属板的外形可以是平的，也可以是波浪形和卷边形。金属薄板可用螺钉直接固定在墙体上，也可在墙上先架钢龙骨，再用特制的紧固件把薄板挂在或卡在龙骨上。

2.墙体内保温隔热设计

将高效保温材料置于外墙的内侧就是墙体的内保温技术，这类的墙体经常在外墙内侧设置绝热材料负荷。墙体内保温技术在我国的保温系统中的运用仅次于墙体外保温技术。墙体的绝热材料层（如保温层、隔热层）：针对墙体的主要功能部分，采用高效绝热材料（导热系数小）。墙体的覆面保护层：防止保温层受破坏，同时在一定程度上阻止室内水蒸气侵入保温层。

（三）地面生态化设计

1.地面装修设计

室内地面是人们日常生活、工作、学习中接触最频繁的部位，也是建筑物直接承受荷载，经常受撞击、摩擦、洗刷的部位。其基本结构主要由基层、垫层和面层等组成。同时为满足使用功能的特殊性还可增加相应的构造层，如结合层、找平层、找坡层、防火层、填充层、保温层、防潮层等。

在室内设计中,地面材质有软有硬,有天然的、有人造的,材质品种众多,但不同的空间材质的选择也要有所不同。按所用材料区分,有木制地面、石材地面、地砖地面、马赛克、艺术水磨石地面、塑料地面、地毯地面等。

（1）木制地面

木制地面主要有实木地板和复合地板两种。

实木地板是用真实的树木经加工而成,是最为常用的地面材料。其优点是色彩丰富、纹理自然、富有弹性,隔热性、隔声性、防潮性能好。常用于家居、体育馆、健身房、幼儿园、剧院舞台等和人接触较为密切的室内空间。从效果上看,架空木地板更能完整地体现木地板的特点,但实木地板也有对室内湿度要求高,容易引起地板开裂及起鼓等缺憾。

图 6-26　实木地板

复合地板主要有两种:一种是实木复合地板;另一种是强化复合地板。实木复合地板的直接原料为木材。强化复合地板主要是利用小径材、枝丫材和胶黏剂通过一定的生产工艺加工而成。复合地板的适应范围也比较广泛,家居、小型商场、办公等公共空间皆可采用。

图 6-27　复合地板

（2）石材地面

石材地面常见的石材有花岗岩、大理石等。

由于花岗岩表面成结晶性图案，所以也称之为麻石。花岗岩石材质地坚硬、耐磨，使用长久，石头纹理均匀，色彩较丰富，常用于宾馆、商场等交通繁忙的大面积地面中。

大理石地面纹理清晰，花色丰富，美观耐看，是门厅、大厅等公共空间地面的理想材料。由于大理石表面纹理丰富，图案似云，所以也称之为云石。大理石的质地较坚硬，但耐磨性较差。其石材主要做墙面装饰，做地面时常和花岗石配合使用，用作重点地面的图案拼花和套色。

图 6-28　大理石地面

（3）地砖地面

地砖的种类主要是指抛光砖、玻化砖、釉面砖、马赛克等陶瓷类地砖。

　　抛光砖是用黏土和石材的粉末经压机压制,烧制而成。表面再经过抛光处理,表面很光亮。缺点是不防滑,有颜色的液体容易渗入等。

图 6-29　抛光砖地面

　　玻化砖也叫玻化石、通体砖。它由石英砂、泥按照一定比例烧制而成,表面如玻璃镜面样光滑透亮。玻化砖属抛光砖的一种。它与普通抛光砖的最大差别就在于瓷化程度上,玻化砖的硬度更大、密度更大、吸水率更小,但也有污渍渗入的问题。

图 6-30　玻化砖地面

　　釉面砖是指表面用釉料一起烧制而成的一种地砖。其优点是表面可以做各种图案和花纹,比抛光砖色彩和图案丰富,但因为表面是釉料,所以耐磨性不如抛光砖。

图 6-31　釉面砖地面

马赛克又称陶瓷锦砖,也为地砖的一种。马赛克按质地分为三种：陶瓷马赛克、大理石马赛克和玻璃马赛克。马赛克是以前曾流行过的饰面材料,但由于色彩单一、材质简单,随着地砖的大量使用,马赛克逐渐被一些设计者所遗忘,但随着马赛克的材质和色彩的不断更新,马赛克的特点也逐渐为人们所认识。马赛克可拼成各种花纹图案,质地坚硬,经久耐用,花色繁多,还有耐水、耐磨、耐酸、耐碱、容易清洗、防滑等多种特点。随着设计理念的多元化,设计风格个性化的出现,马赛克的使用会越来越多。马赛克多用于厨房、化验室、浴室、卫生间以及部分墙面的装饰上。在古代,许多教堂等公共建筑的壁画均由陶瓷锦砖拼贴出来,艺术效果极佳,保持年代久远,这些也许会对设计者有所启发。

图 6-32　马赛克地砖

地砖的共同特点是花色品种丰富,便于清洗,价钱适中,色彩多样,在设计中不但选择余地较多,而且可以设计出非常丰富多彩的地面图案,适合于不同使用功能的室内设计选用。地砖另外一个最大特点是使用范围特别广,适用于各种空间的地面装饰,如办公、医院、学校、家庭等多种室内空间的地面铺装。尤其适用于餐厅、厨房、卫生间等水洗频繁的地面铺装,是一种用处广泛、价廉物美的饰面材料。

（4）艺术水磨石地面

水磨石地面是白石子与水泥混合研磨而成。现在水磨石地面经过发展,如加入地面硬化剂等材料使地面质地更加坚硬、耐磨、防油,可做出多种图案。艺术水磨石地面是在地面上进行套色设计,形成色彩丰富的图案。水磨石地面施工有预制和现浇之分,相比来说现浇的效果更为理想。但有些地方需要预制,如楼梯踏步、窗台板等。水磨石地面施工和使用不当,也会发生一些诸如空鼓、裂缝等质量问题,值得设计者选择时考虑。

水磨石地面的应用范围很广,而且价格较低,适合一些普通装修的公共建筑室内地面,如学校、教学楼、办公楼、食堂、车站、室内外停车场、超市、仓库等公共空间。

图 6-33 水磨石地面

（5）塑料地面

塑料地板是指以有机材料为主要成分的块材或卷材饰面材料,其不仅具有独特的装饰效果,而且还具有质地轻、表面光洁、有弹性、脚感舒适、防滑、防潮、耐磨、耐腐蚀、易清洗、阻燃、绝缘性好、噪声小、施工方便等优点。

图 6-34　地毯地面

2. 地面防潮设计

我国南方湿热地区由于湿气候影响,在春末夏初的潮霉季节常产生地面结霜现象。底层地坪的防潮构造设计可参照图 6-35 和图 6-36 选择。其中,用空气层防潮技术,必须注意空气层的密闭。

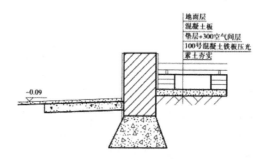

图 6-35　空气防潮技术地面

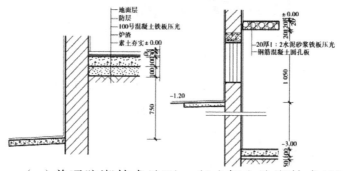

（a）普通防潮技术地面；（b）架空防潮技术地面

图 6-36　两种普通防潮技术地面

3.地面保温设计

楼地面是建筑围护结构中与人直接接触的部分,不仅具有支撑围护作用,而且具有蓄热作用,可以调节室内温度变化,对人的热舒适性影响最大。实践证明,在采用不同材料的楼地面中,即使其表面温度相同,人站在上面的感觉也不一样。例如木地面与水磨石地面相比,后者使人感觉凉爽得多。地面舒适感觉取决于地面的吸热指数 B 值,B 值越大,地面从人脚吸取热量越多,也越快。

二、室内家具与陈设生态化设计

（一）室内家具设计

1.家具的分类

（1）按使用功能分类

家具按使用功能,可划分为支承类、凭倚类、装饰类和储藏类四种。

支承类家具指各种坐具（见图 6-37）、卧具,如凳、椅、床等。

图 6-37　椅子——支承类家具

凭倚类家具指各种带有操作台面的家具,如桌、台、茶几（见图 6-38）等。

图 6-38　茶几——凭倚类家具

装饰类家具指陈设装饰品的开敞式柜类成架类的家具,如博古架(见图 6-39)、隔断等。

图 6-39　博古架——装饰类家具

储藏类家具指各种有储存或展示功能的家具,如箱柜、橱架(见图 6-40)等。

图 6-40　橱架——储藏类家具

(2)按制作材料分类

以制作材料为标准,可划分为木质家具、玻璃家具、金属家具、皮家具、塑料家具和竹藤家具六种。

木质家具主要由实木与各种木质复合材料(如胶合板、纤维板、刨花板和细木工板等)所构成,如图 6-41 所示。

图 6-41　木质家具

玻璃家具是以玻璃为主要构件的家具,如图 6-42 所示。

图 6-42　玻璃家具

金属家具是以金属管材、线材或板材为基材生产的家具,如图 6-43 所示。

图 6-43　金属家具

皮家具是以各种皮革为主要面料的家具，如图 6-44 所示。

图 6-44　皮家具

塑料家具是整体或主要部件用塑料包括发泡塑料加工而成的家具，如图 6-45 所示。

图 6-45　塑料家具

竹藤家具是以竹条或藤条编制部件构成的家具，如图 6-46所示。

图 6-46　竹藤家具

（3）按风格特征分类

①欧式古典家具：具有代表性的是欧洲文艺复兴时期、巴洛克时期、洛可可时期的家具，总的特点是精雕细刻。

②中式古典家具：以明清时期的家具为代表。明式家具造型简练朴素、比例匀称、线条刚劲、高雅脱俗；清式家具化简朴为华贵，造型趋向复杂烦琐，形体厚重，富丽气派。

③现代家具：现代家具以使用、经济和美观为特点，重视使用功能，造型简洁，结构合理，较少装饰。采用工业化生产，零部件标准且可以通用。

2. 家具的设计

家具是科学、艺术、物质和精神的结合。家具设计涉及心理学、人体工程学、结构学、材料学和美学等多学科领域。家具设计的核心就是造型，造型好的家具会激发人们的购买欲望，家具设计中的造型设计应注意以下几个问题。

（1）比例。比例是一个度量关系，即指家具的长、宽、高3个方向的度量比。

（2）平衡。平衡给人以安全感，分对称性平衡和非对称性平衡。

（3）和谐。构成家具的部件和元素的一致性，包括材料、色彩、造型、线型和五金等。

（4）对比。强调差异，互为衬托，有鲜明的变化，如方与圆、冷与暖、粗与细等。

（5）韵律。一种空间的重复，有节奏的运动，韵律通过形状、色彩和线条取得连续韵律、渐变韵律和起伏韵律。

（6）仿生。根据造型法则和抽象原理对人、动物和植物的形体进行仿制和模拟，设计出具有生物特点的家具。

3. 家具的配置

室内装修完工以后首先要选定的就是家具，作为一名室内设计人员当然应该具备家具设计的能力，但其主要任务往往不是直接设计家具,而是从环境总体要求出发,对家具的尺寸、色彩、风格等提出要求。在选择家具时,往往会遇到尺寸、材质、色彩等方面的修改和选择,家具厂可以根据设计人员或业主提供的尺寸修改家具,使家具在室内环境中无论在风格上还是尺度上,都无可挑剔。

(二)室内陈设设计

室内陈设的物品,是用来营造室内气氛和传达精神功能的物品。用于室内陈设的物品从材质上可分为以下几个大类。

1.家居织物陈设

家居织物主要包括窗帘、地毯、床单、台布、靠垫和挂毯等。这些织物不仅具有实用功能,还具备艺术审美价值。

窗帘具有遮蔽阳光、隔声和调节温度的作用。采光不好的空间可用轻质、透明的纱帘,以增加室内光感;光线照射强烈的空间可用厚实、不透明的绒布窗帘,以减弱室内光照。隔声的窗帘多用厚重的织物来制作,褶皱要多,这样隔声效果更好。窗帘调节温度主要运用色彩的变化来实现,如冬天用暖色,夏天用冷色;朝阳的房间用冷色,朝阴的房间用暖色。

地毯是室内铺设类装饰品,不仅视觉效果好,艺术美感强,还可以吸收噪声,创造安宁的室内气氛。此外,地毯还可使空间产生聚合感,使室内空间更加整体、紧凑。

靠垫是沙发的附件,可调节人们的坐、卧、倚、靠姿势。靠垫的布置应根据沙发的样式来进行选择,一般素色的沙发用艳色的靠垫,而艳色的沙发则用素色的靠垫。

2.艺术品与工艺品陈设

艺术品和工艺品是室内常用的装饰品。

艺术品包括绘画、书法、雕塑和摄影等,有极强的艺术欣赏价值和审美价值。在艺术品的选择上要注意与室内风格相协调,欧式古典风格室内中应布置西方的绘画(油画、水彩画)和雕塑作品；中式古典风格室内中应布置中国传统绘画和书法作品，中国的书画必须要进行装裱，才能用于室内的装饰。

工艺品既有欣赏性，还具有实用性。工艺品主要包括瓷器、竹编、草编、挂毯、木雕、石雕、盆景等。还有民间工艺品，如泥人、面人、剪纸、刺绣、织锦等。除此之外，一些日常用品也能较好地实现装饰功能，如一些玻璃器具和金属器具晶莹透明、绚丽闪烁，光泽性好，可以增加室内华丽的气氛。

3.其他物品陈设

其他的陈设物品还有家电类陈设，如电视机、DVD 影碟机和音响设备等；音乐类陈设，如光碟、吉他、钢琴、古筝等；运动器材类陈设，如网球拍、羽毛球拍、滑板等。除此之外，各种书籍也可作室内陈设，既可阅读，又能使室内充满文雅书卷气息。

三、室内色彩生态化设计

（一）色彩三要素

色相、明度和纯度是色彩的三要素。

色相是色彩的表象特征，通俗地讲就是色彩的相貌，也可以说是区别色彩用的名称，是用来称谓对在可视光线中能辨别的每种波长范围的视觉反应。

明度指色彩的明暗差别。不同色相的颜色有不同的明度，黄色明度高，紫色明度低。同一色相也有深浅变化，如柠檬黄比橘黄的明度高，粉绿比翠绿的明度高，朱红比深红的明度高，等等。在无彩色中，明度最高的色为白色，明度最低的色为黑色，中间存在一个从亮到暗的灰色系列。

纯度又称饱和度，它是指色彩鲜艳的程度。纯度的高低决定了色彩包含标准色成分的多少。在自然界中，不同的光色、空气、距离等因素，都会影响到色彩的纯度。比如，近的物体色彩纯度高，远的物体色彩纯度低，近的树木的叶子色彩是鲜艳的绿，而远的则变成灰绿或蓝灰等。

（二）色彩的情感效应

色彩情感产生原理代表颜色冷暖感。冷暖感本来是属于触感的感觉，然而即使不去用手摸而只是用眼看也会感到暖和冷，这是由于一定的生理反应和生活经验的积累共同作用而产生的。

色彩冷暖的成因作为人类的感温器官，皮肤上广泛地分布着温点与冷点，当外界高于皮肤温度的刺激作用于皮肤时，经温点的接收最终形成热感，反之形成冷感。暖色有紫红、红、橙、黄、黄绿等。冷色有绿、蓝绿、蓝、紫等。

轻重感。轻重感是物体质量作用于人类皮肤和运动器官而产生的压力和张力所形成的知觉。明度、彩度高的暖色（白、黄等）给人以轻的感觉，明度、彩度低的冷色（黑、紫等）给人以重的感觉。按由轻到重的次序排列为：白、黄、橙、红、中灰、绿、蓝、紫、黑。

软硬感。色彩的明度决定了色彩的软硬感。它和色彩的轻重感也有着直接的关系。明度较高、彩度较低、轻而有膨胀感的暖色显得柔软。明度低、彩度高、重而有收缩感的冷色显得坚硬。

欢快和忧郁感。色彩能够影响人的情绪，形成色彩的明快与忧郁感，也称色彩的积极与消极感。高明度、高纯度的色彩比较明快、活泼，而低明度、低纯度的色彩则较为消沉、忧郁。无彩色中黑色性格消极，白色性格明快，灰色适中，较为平和。

舒适与疲劳感。色彩的舒适与疲劳感实际上是色彩刺激视觉生理和心理的综合反应。暖色容易使人感到疲劳和烦躁不安；容易使人感到沉重、阴森、忧郁；清淡明快的色调能给人以轻松愉快的感觉。

兴奋与沉静感。色相的冷暖决定了色彩的兴奋与沉静，暖色能够促进我们全身机能、脉搏增加和促进内分泌的作用；冷色系则给人以沉静感。彩度高的红、橙、黄等鲜亮的颜色给人以兴奋感；蓝绿、蓝、蓝紫等明度和彩度低的深暗的颜色给人以沉静感。

清洁与污浊感。有的色彩令人感觉干净、清爽，而有的浊色常会使人感到藏有污垢。清洁感的颜色如明亮的白色、浅蓝、浅绿、浅黄等；污浊的颜色如深灰或深褐。

（三）室内色彩的应用与搭配

色彩分无彩色和有彩色两大类。黑、白、灰为无彩色，除此之外的任何色彩都为有彩色。其中红、黄、蓝是最基本的颜色，被称为三原色。三原色是其他色彩所调配不出来的，而其他色彩则可以由三原色按一定比例调配出来。例如红色加黄色可以调配出橙色，红色加蓝色可以调配出紫色，蓝色加黄色可以调配出绿色等。

1. 无彩色

（1）黑色

黑色具有稳定、庄重、严肃的特点，象征理性、稳重和智慧。黑色是无彩色系的主色，可以降低色彩的纯度，丰富色彩层次，给人以安定、平稳的感觉。黑色运用于室内装饰，可以增强空间的稳定感，营造出朴素、宁静的室内气氛。

（2）白色

白色具有简洁、干净、纯洁的特点，象征高贵、大方。白色使人联想到冰与雪，具有冷调的现代感和未来感。白色具有镇静作用，给人以理性、秩序和专业的感觉。白色具有膨胀效果，可以使空间更加宽敞、明亮。白色运用于室内装饰，可以营造出轻盈、素雅的室内气氛。

（3）灰色

灰色具有简约、平和、中庸的特点，象征儒雅、理智和严谨。灰色是深思而非兴奋、平和而非激情的色彩，使人视觉放松，给人以朴素、简约的感觉。此外，灰色使人联想到金属材质，具有冷峻、时尚的现代感。灰色运用于室内装饰，可以营造出宁静、柔和的室内气氛。

2. 三原色

（1）红色

红色运用于室内设计，可以大大提高空间的注目性，使室内空间产生温暖、热情、自由奔放的感觉，另外红色有助于增强食欲，可用于厨房装饰。

粉红色和紫红色是红色系列中最具浪漫和温馨特点的颜色，较女性化，可使室内空间产生迷情、亮丽的感觉。

（2）黄色

黄色具有高贵、奢华、温暖、柔和、怀旧的特点。黄色是室内设计中的主色调，可以使室内空间产生温馨、柔美的感觉。

（3）蓝色

蓝色具有清爽、宁静、优雅的特点，象征深远、理智和诚实。蓝色运用于室内装饰，可以营造出清新雅致、宁静自然的室内气氛。

3. 调配色

（1）紫色

紫色具有冷艳、高贵、浪漫的特点，象征天生丽质，浪漫温情。紫色具有罗曼蒂克般的柔情，是爱与温馨交织的颜色，尤其适合新婚的小家庭。紫色运用于室内装饰，可以营造出高贵、雅致、纯情的室内气氛。

（2）绿色

绿色具有清新、舒适、休闲的特点，有助于消除神经紧张和视力疲劳。绿色运用于室内装饰，可以营造出朴素简约、清新明快的室内气氛。

（3）褐色

褐色具有传统、古典、稳重的特点，象征沉着、雅致。褐色使人联想到泥土，具有民俗和文化内涵。褐色具有镇静作用，给人以宁静、优雅的感觉。中国传统室内装饰中常用褐色作为主调，体现出东方特有的古典文化魅力。

4. 搭配色

色彩的搭配与组合可以使室内色彩更加丰富、美观。室内色彩搭配力求和谐统一,通常用两种以上的颜色进行组合,要有一个整体的配色方案,不同的色彩组合可以产生不同的视觉效果,也可以营造出不同的环境气氛。

蓝色 + 白色:地中海风情,清新、明快;

米黄色 + 白色:轻柔、温馨;

黄色 + 茶色(浅咖啡色):怀旧情调,朴素、柔和;

黑 + 灰 + 白:简约、平和;

蓝色 + 紫色 + 红色:梦幻组合,浪漫、迷情;

黑色 + 黄色 + 橙色:青春动感,活泼、欢快;

青灰 + 粉白 + 褐色:古朴、典雅;

黄色 + 绿色 + 木本色:自然之色,清新、悠闲;

红色 + 黄色 + 褐色 + 黑色:中国民族色,古典、雅致。

四、室内通风生态化设计

依靠室外风力造成的风压和室内空气温度差造成的热压促使空气流动,使得建筑室内外空气交换。

（一）风压通风

风压通风就是利用建筑迎风面和背风面产生的压力差来实现建筑物的自然通风。风压的计算公式为:

$$P=K\frac{\upsilon_2 p_e}{2g}$$

式中,P——风压,Pa。

υ——风速,m/s。

p_e——室外空气密度,kg/m^3。

g——重力加速度,m/s。

K——空气动力系数。

建筑中要有良好的自然通风就要有较大的风压,由上式可以看出,较大的风压就要有较大的风速和室外空气密度。而室外空气密度与室外环境的空气温度和湿度密切相关。因此,影响风压通风的气候因素包括:空气温度、相对湿度、空气流速。此外,影响风压通风效果的还有建筑物进出风口的开口面积、开口位置以及风向和开口的夹角。当处于正压区的开口与主导风向垂直,开口面积越大,通风量就越大。

(二)热压通风

热压通风的原理为热空气上升,从建筑上部的排风口排出,室外新鲜的冷空气从建筑底部的进风口进入室内,从而在室内形成了不间断的气流运动,即利用室内外空气温差所导致的空气密度差和进出风口的高度差来实现通风。热压通风即通常所讲的"烟囱效应",热压的计算公式为:

$$\triangle p = h(p_e - p_i)$$

式中,$\triangle p$——热压,Pa。

h——进、出风口中心线间的垂直角力。

p_e——室外空气密度,kg/m³。

p_i——室内空气密度,kg/m³。

由以上公式可知,影响热压通风效果的主要因素为进出风口的高度差、风口的大小以及室内外空气温度差。

第三节 室内光环境与生态化

人眼只有在良好的光照条件下才能有效地进行视觉工作。随着经济的发展和生活水平的不断提高,人们的生活和工作方式也发生了较大的变化,据统计,在室内工作的人们有80%的时间处于室内,因此必须在室内创造良好的光环境。

一、室内照明

（一）家居照明设计

客厅和餐厅是家居空间内的公共活动区域，因此要足够明亮，采光主要通过吊灯和吊顶的筒灯，为营造舒适、柔和的视听和就餐环境，还可以配置落地灯和壁灯，或设置暗藏光，使光线的层次更加丰富。

卧室空间是休息的场所，照明以间接照明为主，避免光线直射，可在顶部设置吸顶灯，并配合暗藏灯、落地灯、台灯和壁灯，营造出宁静、平和的空间氛围。

书房是学习、工作和阅读的场所，光线要明亮，可使用白炽灯管为主要照明器具。此外，为使学习和工作时能集中精神，台灯是书桌上的首选灯具。

卫生间的照明设计应以明亮、柔和为主，灯具应注意防湿和防锈。

1. 吸顶灯

吸顶灯（见图 6-47）是一种通常安装在房间内部的天花板上，光线向上射，通过天花板的反射对室内进行间接照明的灯具。吸顶灯的光源有普通白炽灯、荧光灯、高强度气体放电灯、卤钨灯等，吸顶灯主要用于卧室、过道、走廊、阳台、厕所等地方，适合作整体照明用。吸顶灯灯罩一般有乳白玻璃和 PS（聚苯乙烯）板两种材质。吸顶灯的外形多种多样，有长方形、正方形、圆形、球形、圆柱形等，主要采用自炽灯、节能灯。其特点是比较大众化，而且经济实惠。吸顶灯安装简易，款式简单大方，能够赋予空间清朗明快的感觉。

图 6-47　卧室吸顶灯

另外，吸顶灯有带遥控和不带遥控两种，带遥控的吸顶灯开关方便，适用于卧室中。

2. 吊灯

吊灯是最常采用的直接照明灯具，因其明亮、气派，常装在客厅、接待室、餐厅、贵宾室等空间里。吊灯一般都有乳白色的灯罩。灯罩有两种，一种是灯口向下的，灯光可以直接照射室内，光线明亮；另一种是灯口向上的，灯光投射到顶棚再反射到室内，光线柔和，如图 6-48 所示。

图 6-48　客厅吊灯

吊灯可分为单头吊灯和多头吊灯。在室内软装设计中，厨房和餐厅多选用单头吊灯，客厅多选用多头吊灯。吊灯通常以花卉造型较为常见，颜色种类也较多。吊灯的安装高度应根据空间属性而有所不同，公共空间相对开阔，其最低点离地面一般不应小于 2.5m,居住空间不能少于 2.2m。

吊灯的选用要领主要体现在以下几个方面:

其一,安装节能灯光源的吊灯,不仅可以节约用电,还有助于保护视力(节能灯的光线比较适合人的眼睛)。另外,尽量不要选用有电镀层的吊灯,因为电镀层时间久了容易掉色。

其二,由于吊灯的灯头较多,通常情况下,带分控开关的吊灯在不需要的时候,可以局部点亮,以节约能源与支出。

其三,一般住宅通常选用简洁式的吊灯;复式住宅则通常选用豪华吊灯,如水晶吊灯。

3. 射灯

射灯主要用于制造效果,点缀气氛,它能根据室内照明的要求,灵活调整照射的角度和强度,突出室内的局部特征,因此多用于现代流派照明中(见图 6-49)。

图 6-49　射灯

射灯的颜色有纯白、米色、黑色等多种。射灯外形有长形、圆形,规格、尺寸、大小不一。因为射灯造型玲珑小巧,非常具有装饰性。射灯光线柔和,既可对整体照明起主导作用,又可局部采光,烘托气氛。

4. 落地灯

落地灯是一种放置于地面上的灯具,其作用是用来满足房间局部照明和点缀装饰家庭环境的需求。落地灯一般布置在客厅和休息区域里，与沙发、茶几配合使用。落地灯除了可以照明，也可以制造特殊的光影效果。一般情况下，灯泡瓦数不宜过大，这样的光线更宜于创造出柔和的室内环境。落地灯常用作局部照明，强调移动的便利，对于角落气氛的营造十分实用，如图6-50所示。落地灯通常分为上照式落地灯和直照式落地灯。

图6-50　落地灯

5.台灯

台灯是日常生活中用来照明的一种家用电器，多用于床头、写字台等处。台灯一般应用于卧室以及工作场所，以解决局部照明。绝大多数台灯都可以调节亮度，以满足工作、阅读的需要。台灯的最大特点是移动便利。

台灯分为工艺用台灯（装饰性较强）和书写用台灯（重在实用）。在选择台灯的时候，要考虑选择台灯的目的是什么。一般情况下，客厅、卧室多用装饰台灯（见图6-51），而工作台、学习台则用节能护眼台灯，但节能灯的缺点是不能调整光的亮度。

6.筒灯

筒灯是一种嵌入顶棚内、光线下射式的照明灯具，如图6-52所示。筒灯一般装设在卧室、客厅、卫生间的周边顶棚上。它的最大特点是能保持建筑装饰的整体与统一，不会因为灯具的设置而破坏吊顶艺术的完美统一。

图 6-51　卧室台灯

图 6-52　筒灯

7. 壁灯

　　壁灯是室内装饰常用的灯具之一，一般多配以浅色的玻璃灯罩，光线淡雅和谐，可把环境点缀得优雅、富丽、柔和，倍显温馨，尤其适于卧室，如图 6-53 所示。壁灯一般用作辅助性的照明及装饰，大多安装在床头、门厅、过道等处的墙壁或柱子上。壁灯的安装高度一般应略超过视平线 1.8m 左右。卧室的壁灯距离地面可以近些，在 1.4 ~ 1.7m。壁灯的照度不宜过大，以增加感染力。

　　壁灯不是作为室内的主光源来使用的，其造型要根据整体风格来定，灯罩的色彩选择应根据墙色而定，如白色或奶黄色的墙，宜用浅绿、淡蓝的灯罩；湖绿和天蓝色的墙，宜用乳白色、淡黄色的灯罩。

图6-53　壁灯

　　在大面积一色的底色墙布上点缀一只显目的壁灯,能给人幽雅清新之感。另外,要根据空间特点选择不同类型的壁灯。例如,小空间宜用单头壁灯;较大空间就用双头壁灯;大空间应该选厚一些的壁灯。

（二）商业照明设计

　　商业空间在功能上是以盈利为目的的空间,充足的光线对商品的销售十分有利。在整体照明的基础上,要辅以局部重点照明,提升商品的注目性,营造优雅的商业环境。

　　在商业空间照明设计中,店面和橱窗能给客人第一印象,其光线设计一定要醒目、特别,吸引人的注意。

　　办公空间根据其功能需求,采光量要充足,应尽量选择靠窗和朝向好的空间,保证自然光的供应。为防止日光辐射和眩光,可用遮阳百叶窗来控制光量和角度。办公空间的光线分布应尽可能均匀,明暗差别不能过大。在光照不到的地方配合局部照明,如走廊、洗手间、内侧房间等。夜晚照明则以直接照明为主,较少点缀光源。

　　商场的内部照明要与商品形象紧密结合,通过重点照明突出商品的造型、款式、色彩和美感,刺激顾客的购买欲望。

　　餐饮空间为增进客人食欲,主光源照明与明亮,以显现出食物的新鲜感。此外,为营造优雅的就餐环境,还应辅以间接照明和点缀光源。

酒吧的照明设计以局部照明、间接照明为主，在灯具的选择上尽量以高照度的射灯、暗藏灯管来进行照明，在光色的选择上还必须与空间的主题相呼应。一些特定的灯光设计与配合还可以体现相应的主题，如一些酒吧设计中，以怀旧为主题，可以使用很多木、竹、石等自然材料配合黄色灯光；为体现对工业时代的怀念，可以使用烙铁、槽钢、管道等工业时代的产品配合浅咖啡色和黄色灯光。

卡拉 OK 厅是群众自娱自乐的空间，灯光的设计主要考虑整体环境气氛的营造，应给人以轻松自如、温馨浪漫的感觉，故间接照明、暗藏光使用较多。

二、自然采光

室内设计中的光可以形成空间、改变空间或者破坏空间，它直接影响到人对物体大小、形状、质地和色彩的感知。室内光环境包括自然光和人工光源，人类经过数千万年的进化，人的肌体所最能适应的是大自然提供的自然光环境，人眼作为视觉器官，最能适应的也是自然光。将自然光与人工光源的光谱组成进行比较会发现，各种波长的光组成比例相差甚远，现有的光源无论哪一种都不具备自然光那样的连续光谱。太阳光是种巨大的安全的清洁能源，可谓取之不尽，用之不竭。而我国地处温带，气候温和，自然光很丰富，为充分利用自然光提供了有利的条件。充分利用自然光源来保证建筑室内光环境，进行自然采光，也可节约照明用电。

然而，天然采光的变化性因素比较多，其不稳定性导致其达不到室内照明的均匀度。要想改善室内光照的均匀性和稳定性，就需要在引进自然光线的同时，在建筑的高窗位置采取反光板、折光棱镜玻璃等措施进行弥补。

（一）自然光概述

由于地球与太阳相距很远，因此认为太阳光是平行地射到地球上。太阳光经大气分子和尘埃等微粒、地表面（包括地面及地上建筑等表面）的折射、透射和反射形成太阳直射光、天空扩散光及地表面上的反射光。

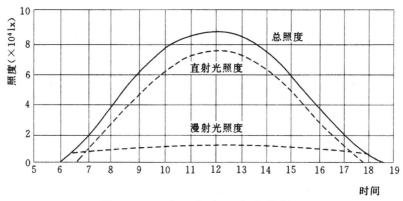

图 6-54　晴天室外照度变化情况

（二）自然采光技术

为了营造一个舒适的光环境，可以采用各种技术手段，通过不同的途径来利用自然光。在过去的几十年，玻璃窗装置和玻璃技术得到迅速的发展，低辐射涂层、选择性膜、空气间层、充气玻璃。高性能窗框的研制和发展，遮阳装置和遮阳材料的发展，高科技采光材料的应用，为天然采光的利用提供了条件，同时促进了自然采光技术的发展。现在，设计师可以采用各种技术手段，通过不同的途径来利用自然光。自然采光的技术大致可分为三类，分别是纯粹建筑设计技术、支撑建筑设计的技术和自然采光新技术。

（三）自然采光节能设计

纯粹的建筑设计技术手段不仅经济环保节能，还可以增添建筑的艺术感,是建筑采光设计的首选技术,在实际生活中应用得最为广泛。这种自然采光技术是把自然采光视为建筑设计问题,与建筑的形式、体量、剖面(房间的高度和深度)、平面的组织、窗户的形式、构造、结构和材料整体加以考虑,在解决自然采光的目的时,科技技术起了很小的作用或根本不起作用。这种技术手段不仅经济环保节能,还可以增添建筑的艺术感,是建筑采光设计的首选技术。

为了获得自然光,人们在房屋的外围护结构上开了各种形式的洞口,装上各种透光材料,以免遭受自然界的侵袭,这些装有透光材料的孔洞统称为窗洞口。纯粹的建筑设计技术就是要合理地布置窗洞口,达到一定的采光效果。按照窗洞口所处的位置,可分为侧窗(安装在墙上,称侧面采光)和天窗(安装在屋顶,称顶部采光)两种。有的建筑同时兼有两种采光形式,称为混合采光。

（四）光环境的舒适性

在人的视觉正常的情况下,为提高光环境的舒适性,在建筑设计中应减少大面积开窗,或采用特殊的玻璃,或玻璃镀膜,或采用多层窗帘,注意灯具的保护角,以减弱或消除眩光的危害。同时,应避免阳光直射,特别是夕阳直射室内的情况。另外,还应注意限制光源亮度,合理分布光源,以取得合适的亮度和照度。

由于人们对明暗适应的时间相差悬殊,因此,在电影院设计中,常采用逐渐降低照度的熄灯方法,以便观众能很好地适应。在大百货公司的进出口处或商业楼的底层一定要有足够的采光和照明设计,以利于顾客购买商品。注意建筑物的尺度或视角以及建筑与环境的亮度对比,使建筑与环境和谐统一,取得好的视觉效果。

第四节　室内绿化设计

一、室内绿化设计的功能

室内绿化是室内设计的一部分,它主要是利用植物材料并结合园林常用的手法来组织、完善、美化空间。

植物的绿色可以给人的大脑皮层以良好的刺激,使疲劳的神经系统在紧张的工作和思考之后得以放松,给人以美的享受。室内植物作为装饰性的陈设,比其他任何陈设更具有生机和活力。

室内设计具有柔化空间的功能。现代建筑空间大多是由直线形构件所组合的几何体,令人感觉生硬冷漠。利用绿化中植物特有的曲线、多姿的形态、柔软的质感、悦目的色彩,可以改变人们对空间的空旷、生硬等不良感觉。

二、室内绿化设计的种类

（一）室内植物

室内绿化设计就是将自然界的植物、花卉、水体和山石等景物经过艺术加工和浓缩移入室内,达到美化环境、净化空气和陶冶情操的目的。室内绿化既有观赏价值,又有实用价值。在室内布置几株常绿植物,不仅可以增强室内的青春活力,还可以缓解和消除疲劳。

室内植物种类繁多,有观叶植物、观花植物、观景植物、赏香植物、藤蔓植物和假植物等。假植物是人工材料(如塑料、绢布等)制成的观赏植物,在环境条件不适合种植真植物时常用假植物代替。

绿色植物点缀室内空间应注意以下几点。

（1）品种要适宜,要注意室内自然光照的强弱、多选耐阴的植物。如红铁树、叶椒草、龟背竹、万年青、文竹、巴西木等。

（2）配置要合理,注意植物的最佳视线与角度,如高度在1.8～2.3m为好。

（3）色彩要和谐,如书房要创造宁静感,应以绿色为主;客厅要体现主人的热情,则可以用色彩绚丽的花卉。

（4）位置要得当,宜少而精,不可太多太乱,到处开花。

图 6-55　室内植物绿化

（二）室内水景

室内水景有动静之分,静则宁静,动则欢快,水体与声、光相结合,能创造出更为丰富的室内效果。常用的形式有水池、喷泉和瀑布等。

（三）室内山石

山石是室内造景的常用元素,常和水相配合,浓缩自然景观于室内的小天地中。室内山石形态万千,讲求雄、奇、刚、挺的意境。室内山石分为天然山石和人工山石两大类,天然山石有太湖石、房山石、英石、青石、鹅卵石、珊瑚石等;人工山石则是由钢筋水泥制成的假山石。

图 6-56 室内水景绿化

图 6-57 室内山石绿化

参考文献

[1] 席跃良. 环境艺术设计概论 [M]. 北京：清华大学出版社，2006

[2] 郑曙旸. 环境艺术设计 [M]. 北京：中国建筑工业出版社，2007

[3] 冯美宇. 建筑设计原理 [M]. 武汉：武汉理工大学出版社，2007

[4] 吴家骅. 环境艺术设计史纲 [M]. 重庆：重庆大学出版社，2002

[5] 陆小彪，钱安明. 设计思维 [M]. 合肥：合肥工业大学出版社，2006

[6] 李晓莹，张艳霞. 艺术设计概论 [M]. 北京：北京理工大学出版社，2009

[7] 彭泽立. 设计概论 [M]. 长沙：中南大学出版社，2004

[8] 李晓莹，张艳霞. 艺术设计概论 [M]. 北京：北京理工大学出版社，2009

[9] 席跃良. 艺术设计概论 [M]. 北京：清华大学出版社，2010

[10] 凌继尧，等. 艺术设计概论 [M]. 北京：北京大学出版社，2012

[11] 邱晓葵. 室内设计 [M]. 北京：高等教育出版社，2008

[12] 陆小彪，钱安明. 设计思维 [M]. 合肥：合肥工业大学出版社，2006

[13] 张朝晖. 环境艺术设计基础 [M]. 武汉：武汉大学出版社，2008

[14] 李蔚青.环境艺术设计基础 [M].北京：科学出版社，2010

[15] 郝卫国.环境艺术设计概论 [M].北京：中国建筑工业出版社，2006

[16] 李强.室内设计基础 [M].北京：化学工业出版社，2010

[17] 来增详，陆震纬.室内设计原理 [M].北京：中国建筑工业出版社，1996

[18] 吴昊.环境艺术设计 [M].长沙：湖南美术出版社，2005

[19] 蔺宝钢，吕小辉，何泉.环境景观设计 [M].武汉：华中科技大学出版社，2007

[20] 董万里，段红波，包青林.环境艺术设计原理（上）[M].重庆：重庆大学出版社，2003

[21] 董万里，许亮.环境艺术设计原理（下）[M].重庆：重庆大学出版社，2003

[22] 毕留举.城市公共环境设施设计 [M].长沙：湖南大学出版社，2010

[23] 江湘云.设计材料及加工工艺 [M].北京：北京理工大学出版社，2010

[24] 谭纵波.城市规划 [M].北京：清华大学出版社，2005

[25] 吴志强，李德华.城市规划原理 [M].北京：中国建筑工业出版社，2010

[26] 闫学东.城市规划 [M].北京：北京交通大学出版社，2011